離散数学「ものを分ける理論」

問題解決のアルゴリズムをつくる

徳田雄洋　著

ブルーバックス

装幀／芦澤泰偉・児崎雅淑
カバーイラスト／大高郁子
目次・本文デザイン／齋藤ひさの(STUDIO BEAT)
本文イラスト／大久保ナオ登
本文図版／さくら工芸社

はじめに

　ものを分けるときに、誰もが自分の分が一番よいと感じるように分けることは可能でしょうか？　それとも原理的に不可能でしょうか？

　数学的思考は数や図形のためだけにあるのではありません。日常起こるさまざまな出来事、例えばものを分ける、人を割り当てる、方針を決めるなど、私たちの日常で起こるさまざまな問題にひとたび数学的考え方をもって進めていくと、そこには思いがけない発見と新しい結論があなたを待っています。

　20世紀中期以降、特に発展した科学の分野の1つに、アルゴリズムを設計する離散数学があります。離散数学はとびとびの対象物を扱い、アルゴリズムと呼ばれる問題解決の手順を作り出します。20世紀半ばのデジタルコンピュータの出現とともに、離散数学は、さまざまな応用分野で飛躍的な発展を遂げました。

　本書ではものを分ける問題を取り上げます。ものを分ける問題が科学的議論の対象となったのは、20世紀の第2次世界大戦下の欧州です。その後約半世紀の歳月をかけて、ものを分ける方法とその理論はほぼ完成しました。人間はものの分割をめぐって、協調したり、対立したりする存在です。最悪

の場合は、戦争になり双方が破壊しあうことにもなります。

ものを分ける問題が難しい理由は、対象物の量が参加者に比べて圧倒的に少なかったり、対象物によって分割できたり、できなかったり、参加者の判断基準もさまざまだったりするためです。本書では参加者全員が好きな対象物、あるいは参加者全員が嫌いな対象物で、分割可能な場合、参加者全員から全く文句が出ないように分割する不思議な方法を扱います。

紀元前から知られている「ものを分ける」有名な方法に、「切る人・選ぶ人法」があります。1人が切る人、もう1人が選ぶ人になります。切る人は自分の基準でものを、後で自分がどちらをもらってもよいように、2つに分けます。選ぶ人は自分の基準で一番よいと思うものを最初に選びます。切った人は残ったものをもらいます。この方法はどちらの人も自分の分が一番よいと感じることができる優れた方法です。争いを回避するために過去の人間たちの知恵が生み出した方法です。

ものを分ける方法の研究は、20世紀後半になってようやく、切る人・選ぶ人法のような優れた方法を生み出しました。これら20世紀後半に出現した「公平分割法」が本書の主題です。

科学的対話を通じて、ものを分ける方法を探してくれるのは、本書の主人公カウント博士とその助手ワトソンさんです。アルゴリズム研究所に飛び込んできた相談メールをきっかけに、誰もが自分の分が一番よいと思うようにようかんを分ける方法や、2人で6個のくだものを納得できるように分

はじめに

ける方法や、部屋が3つある家の家賃を3人とも満足するように分ける方法や、嫌いな食べ物を納得して3人で分ける方法など、新しい方法を発見していきます。どうかこの2人の方法探求の冒険物語を一緒に楽しんで頂ければ幸いです。

2018年4月　　　　　　　　　　　　　　　　　　徳田雄洋

登場人物紹介

ここは、とある場所にあるアルゴリズム研究所。さまざまな問題を解決するための方法を日々研究している。相談メールの受け付けを告知したところ、次々とメールが届くように。

カウント博士

アルゴリズム研究所の所長。どんな複雑で難しい問題も、数学、とくに離散数学を使って解決法を見出していく。

ワトソン助手

カウント博士の優秀な助手。優しい性格からか、本来は受け付けていなかった相談メールの内容を博士に相談。

はじめに__3

登場人物紹介__6

第1章　ようかん問題__13

1本のようかんを3人で分ける問題を考えます。3つに切って分けるのですが、どのような方法ならば、みんなが自分の分が一番よいと思えるように分けることができるのでしょうか。また、4人、5人……で分けるには、分割法をどのように拡張していけばいいでしょうか。

第2章　トリミング調整法__37

第1章の1本のようかんを分ける問題で、余りが出ることが許されない場合は、どのような分割法にすればよいのかを考えます。

解説__45

第3章　くだもの問題__49

6種類のくだもの1個ずつを姉妹2人で分ける問題を考えます。それぞれのくだもので2人の好みが同じだったり、違ったり、バラバラのようです。どのように分ければいいのでしょうか。

第 **4** 章　最大化問題__73

第3章のくだものを分けるような問題を、線形計画アプリを使って解く方法を考えます。この章では話を単純にして、兄と弟の2人でチョコとイチゴを分ける場合を考えます。

解説__83

第 **5** 章　三角形の建物定理__87

この章の舞台は、三角形の建物で、中には三角形の小部屋が25室あります。小部屋には3本の柱と3つのドアがあり、柱は、白、青、赤のどれか1つの色で塗られています。柱3本が別々の色になっている部屋を探すにはどのようにすればよいのかを考えます。

第 **6** 章　家賃問題__105

この章では、3つの部屋がある古い一軒家を仲のよい友達3人で借りるとき、月額の家賃をどのように分割して負担すればよいかを考えます。3つの部屋は、部屋の大きさや窓の外の景色、日当たりなど条件がいろいろです。

解説__123

第 7 章　赤道の気温定理 __ 129

地球の赤道上の180度正反対の2地点で、同一時刻に気温が同じところが1組存在することが知られています。この章では、この1組の場所を探す方法を考えていきます。

第 8 章　結婚式のケーキカット __ 141

ウェディングケーキをカットする問題です。どの2ヵ所を切ったら、両家から見て、どちらからも正確に50パーセントずつの価値に見えるかを考えていきます。

　　解説 __ 150

第 9 章　料理問題 __ 153

この章では、嫌いな食べ物をどのように分けたらいいかを考えます。3人で有名なレストランに行ったところ、全員の嫌いな料理が出されてしまった。失礼のないようになんとか手分けして食べたいのだが ── といった場合に、うまい分割方法はあるのかどうかを考えます。

第10章 人数増加法 __ 163

第9章で考えた料理問題で、全体提案法以外の別な解決法を考えます。最初は2人で分けて、次に1人増やして3人で分けるというように、人数を増加させていき分ける方法を考えます。

解説 __ 168

第11章 絶対的優位法 __ 173

ふたたび、ようかんを分ける問題を考えます。4人以上何人でも、余りなしに、誰もが自分の分が一番よいと感じるように分ける方法を考えます。参加者はペアになり、ペア間のクレームを順次解決していき、すべてのクレームを解決します。

第12章 存在定理 __ 191

直方体のようかんを分ける場合、第11章で考えた絶対的優位法のように何度も何度も細かく分割しないで済む不思議な方法を考えていきます。

解説 __ 214

歴史まとめ__218

　　割合の公平な分割法
　　うらやましさなしの分割法
　　ナイフ移動法
　　嫌いなものの分割法

付録__221

　　n人版の絶対的優位法

参考文献__226

索引__227

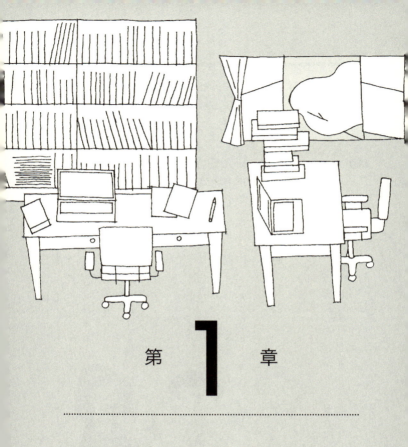

第 **1** 章

ようかん問題

カウント博士と助手のワトソンさんのアルゴリズム研究所です。研究所のホームページに相談メールが飛び込んできました。

助手：カウント先生、研究所で相談メールは受け付けていないのですが、管理者宛に1通届きました。よっぽど困っている方のようです。

博士：ワトソンさん、わかりました。それでどんな相談ですか？

助手：内容はこうです。ようかん1本をもらいました。このようかんを3人で分けたいのですが、もめないようにするにはどうしたらよいでしょうか、という相談です。

第1章 ようかん問題

博士：普通に3つに切って3人で分ければよいではありませんか？

助手：いえいえ。どうやらこういうことのようです。3人ともあまり仲がよくないらしいのです。自分以外の人の分け方にすぐ文句が出るようなのです。

博士：わかりました。それで相談者はどうしたいのですか？

助手：誰もが自分の分が一番よいと感じるように分けたいとのことです。

博士：なるほど。みな自分の分が一番よいと感じれば文句は出ませんね。ところでちょっと待ってください。一番よいという意味ですが、自分の分と他人の分を同点の1位と感じるのでもよいのですか。

助手：もちろんです。自分の分を他の人の分と比べて、同じかもっとよいと感じるように分けたいということです。

博士：そうですか。希望はわかりましたが、困りました。

助手：先生、一体そんなこと可能なのですか？

博士：ものを3人で分けて、誰もが自分の分が一番よいと感じるのですよね。

助手：そうです。

博士：ところで、今回のようかんは、どのようなようかんですか？

助手：詳しくは書いてありませんが、おそらく直方体の1本のようかんと思います。先生、それが何か関係ありますか？

博士：もちろん、大ありです。ワトソンさん、ようかんにも、こしあん、つぶあんなど種類があります。

例えばこしあんのようかんは均一な1種類の成分でできていると考えられます。だから大きさだけが問題です。直線定規で長さを測れば等分できます。でも、つぶあんなら、こしあん部分とあずき部分の2種類の成分からできています。こしあん部分よりあずき部分を高く評価する人もいれば、あずき部分を低く評価する人もいます。単純に直線定規で測定した長さだけで決めるわけにはいきません。

助手：そうでした。ご本人の判断を聞くまでは、長さだけで等分しても、どれが一番よいかわかりませんね。

博士：その通りです。

助手：そういえば、こしあんのようかんでも、1人の人が長さを目で見て等分して切った場合、他の人からは大きさがバラバラに見えることも、よく起こります。

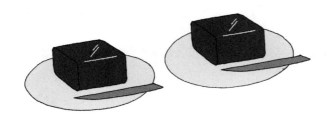

博士：そうです。自分のお皿の上に置いた時点と、他人のお皿の上に置いた時点では、同一物の長さが変わって見えるかもしれません。

　　それではこしあんのようかんでも、つぶあんのようかんでも、誰もがその人の判断で自分の分が一番よい

と感じる方法を考えましょう。

　ところでワトソンさん、nを2以上の整数として、誰かがようかんをn個に切ってくれたとします。ワトソンさんなら、どうすれば一番よいものが選べますか？

助手：順番に1人が1カットずつ選ぶのですか？

博士：そうです。

助手：それなら、一番先に誰よりも早く選べば、一番よいものが選べます。2番目以降に選ぶのはだめです。とにかく落ち着いて選べば、1番目の人は自分の一番よいものが選べます。

博士：わかりました。つまりこういう原理1が成立します。

原理1　最初の選択者

n個に切ったようかんをn人で順番に1つずつ選ぶ場合、1番目に選ぶ人はその人の基準で一番よいものを選ぶことができる。
2番目からn番目の人は、それ以前にその人の一番よいものが選ばれてしまった場合は、選ぶことができない。

助手：当たり前の原理ですね。相談メールの3人の場合も、3人全員同時に一番最初に選ぶことができれば、可能でしょうが、全員が一番先は無理です。

博士：そうですね。

助手：けっきょく誰かが3つに切ってくれたようかんを3人が見て、偶然3人の一番よいカットが別々になるとい

うケース以外、そういうことは無理だと思います。
博士：えっ。もう一度言ってくれますか？
助手：はい。みなの第1希望が偶然バラバラになる幸運な場合以外、そんなことは不可能だと思います。
博士：わかりました。第1希望が全員別々になる場合なら大丈夫ということですね。念のため、このことも原理0として記録しておきましょう。

原理0　全員の一番よいものが別々
n個に切ったようかんをn人で1つずつ分ける場合、全員の一番よいと思うカットが異なっていれば、全員自分の選んだものを一番よいと感じることができる。

助手：この原理0は、記録しても、幸運な場合だけの原理です。一般の場合に、全員の一番よいと思うものが別々なんて無理です。
博士：いえいえ。あきらめるのはまだ早いかもしれません。
助手：どうしてですか？
博士：一番最後に選んでも、余裕で一番よいものを選ぶことができる人が1人いるかもしれません。
助手：誰ですか？
博士：ようかんを切る人です。
助手：どうしてようかんを切る人は、最後に選んでも余裕で一番よいものが選べるのですか？
博士：原理1では、ようかんを切る人は誰でもよいことになっていました。

助手：はい。そうです。
博士：そこでようかんを切る人が、自分の基準で見てどれも同じになるように切るのです。
　こしあんならその人が感じる同じ長さに、つぶあんならその人が感じる同じ価値に等分するのです。もちろん他の人から見たら違う長さや価値に見えるかもしれませんが……。
助手：ええ、わかりました。切る人はどのカットが最後に1つ残っても、同点1位なので、余裕で一番よいものが選べるのですね。
博士：その通りです。つまり次の原理2が成立します。

> **原理2　最後の選択者**
> 最初n個にようかんを切る人は自分の基準で等しく切っておけば、残りの（$n-1$）人が1つずつ選んだ後でも、最後の残り1つはその人の基準で一番よいものとなる。

助手：わかりました。つまり、n人の中で2人は自分の一番よいものが選べるのですね。最初に等分に切る人はみなが選んだ最後に選び、もう1人は一番最初に選べば、この2人は一番よいものが選べますね。
博士：その通りです。今の原理1と原理2を組み合わせれば、2人とも自分の分が一番よいと感じる方法が作れます。「切る人・選ぶ人法」と呼ぶことにしましょう。
助手：わかりました。方法はこんな感じですね。

> **2人版の同点1位法（切る人・選ぶ人法）**
> ・1番の人が自分の基準でようかんを等しく2つに分ける。
> ・2番の人が一番よい1つを選ぶ。
> ・1番の人が残った1つを選ぶ。

助手：簡単のため、こしあんのカットの長さも、つぶあんのカットの価値も、大きさと呼ぶことにします。

「切る人・選ぶ人法」を1番と2番の2人の場合に適用すると、切った1番の人から見て、2つのようかんは同じ大きさに見えています（図1-1）。

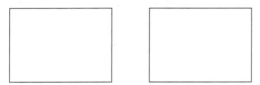

図1-1　1番の人から見た2つのようかん

助手：しかし2番の人から見ると、大きさが異なって見えるかもしれません（図1-2）。そこで2番の人は大きいカットの方を選ぶはずです。

次に1番の人は残った方をもらいます。それぞれ自分の基準で一番よいものを選んだことになります。

図1-2 2番の人から見た2つのようかん

博士：その通りです。それではこの2つの原理を3人の場合に適用してみましょう。同じように考えると、3人の場合の方法はこんな感じになります。

> **3人版の同点1位法の案——不完全版**
> ・1番の人が自分の基準で同じ大きさ3つに分ける。
> ・2番の人は何もしない。
> ・3番の人が一番よい1つを選ぶ。
> ・2番の人が一番よい1つを選ぶ（選べない場合あり）。
> ・1番の人が一番よい1つを選ぶ。

助手：3番の人が最初に選ぶ人で、1番の人は自分の基準でようかんを3等分し、かつ最後に選ぶんですね。この2人は原理1と原理2から自分の一番よいものが選べますね。

博士：しかし、この3人版の案では、真ん中の2番の人がかわいそうです。この人は一番よいものが選べる保証がありません。

助手：どうしてですか？

博士：3番の人が最初に選んだ一番よいカットと、2番の人

の一番よいカットが同一の場合です。この場合、3番の人に、先によいカットを取られてしまいます。2番の人は選びたくても選ぶことができません。

助手：1つ気がつきました。2番の人の一番よいカットが1つしかないから、選べなくなってしまうのですね。

博士：その通りです。2番の人にとって一番よいカットが2つあれば、3番の人が最初に1つ取っても、もう1つのよいカットが残りますね。

助手：でも、どうすれば実際に2番の人の一番よいものを2つ作れるのですか？

博士は少し考えてから言いました。

博士：わかりました。私たちは同点の1位を2つ作ることができます。この案はどうでしょうか？
　　　まず1番の人の基準で3等分を作ります。

図1-3　1番の人の基準で3等分したようかん

博士：次に、2番の人の基準で見ると、大きさはいろいろに見えます。そこで、2番の人は3つのカットを大きい順に並べます。

第1章　ようかん問題

図1-4　2番の人が大きい順に並べたようかん

博士：大きさ1位と2位が同じと感じたら特に何もしません。もし大きさ1位が2位より大きいと感じたら、大きい1位を少し削って2位と同点にします。

助手：削るのはもったいないですね。

博士：いえいえ、もったいなくありません。これで2番の人にとって同点の1位が2つ出来たのです。結果はこんな感じになります。

図1-5　大きい1位を少し削ったようかん

助手：削った余りはどうなるのですか？

博士：余りはよけておくことにします。

助手：1番の人から見ると、せっかく同じ大きさ3つに分けたつもりなのに、削った1カットは少し小さくなったように思えます。

博士：でも2番の人から見ると、例えば大、中、小に見えたので、中、中、小に修正したことになります。

助手：その後ですが、3番の人が最初に一番よいものを選ぶ

のですね。どれを選びますか？

博士：それは3番の人次第です。私たちにはわかりません。とにかく3番の人は自分の基準で一番よいものを選びます。3番の人は誰よりも先に選ぶので一番よいものが選べます。

助手：はい。次に、2番の人が一番よいものを選びます。今度は2番の人は必ず一番よいものを選べますか？

博士：もちろんです。自分の作った同点1位2つの中の1つを選びます。ただし自分が削ったものがあったら必ずそれを選ぶことにします。そうしないと1番の人が悲しみます。

助手：わかりました。そして最後に1番の人が選ぶのですね。

博士：そうです。1番の人は同点1位を3つ作っておきました。カットの1つは削られて小さくなったかもしれませんが、自分より前の3番か2番の人のどちらかが必ず小さくなったものを選んでいます。だから自分の一番よいものが残っていて選択できます。

助手：つまりこんな感じになりますか？

3人版の同点1位法

・1番の人が自分の基準で同じ大きさ3つに分ける。
・2番の人は大きさの1位と2位が同じ大きさでないと感じたら、自分の基準で大きさの1位を削って大きさの2位と同点にする。
・3番の人が一番よい1つを選ぶ。

> - 2番の人が一番よい1つを選ぶ。ただし自分が削ったものがあれば必ずそれを選ぶ。
> - 1番の人が一番よい最後の1つを選ぶ。

助手：すごいです。余りは出ましたけれど、3人は自分の信じる一番よいものを選択できました。

博士：その通りです。ここで大切なことは、余った部分のようかんを全員が放棄することです。

助手：わかりました。もったいないですが、仕方ありません。

博士：ところで同点1位法の2人版はこう言い直した方がよいかもしれません。

> **2人版の同点1位法（言い直し）**
> - 1番の人が同点1位を2つ作る。
> - 2番の人が一番よい1つを選ぶ。
> - 1番の人が一番よい1つを選ぶ。

助手：たしかに2等分するということは、同点1位を2つ作ることに等しいですね。

博士：3人版の方法はこう言い直すことができます。

> **3人版の同点1位法（言い直し）**
> - 1番の人が同点1位を3つ作る。

- ・2番の人が同点1位を2つ作る（最大1個削る）。
- ・3番の人が一番よい1つを選ぶ。
- ・2番の人が一番よい1つを選ぶ。ただし自分が削ったものがあれば必ずそれを選ぶ。
- ・1番の人が一番よい1つを選ぶ。

助手：わかりました。同点1位を実現する方法は2種類あるのですね。

博士：その通りです。kを2以上の整数として、同点1位をk個作る方法はこんな感じになります。

原理3　同点1位をk個作る方法
- ・最初にようかんを切る場合は、同じ大きさk個に切ればよい。
- ・誰かが既にようかんを切っている場合は、大きい順の1位から$(k-1)$位までを削ってすべてk位の大きさに合わせればよい。

助手：先生、もし4人だったらこの同点1位法はどうなりますか？

博士：方法はこんな感じになると思います。

4人版の同点1位法の案　不完全版
- ・1番の人が同点1位を4つ作る。

> - 2番の人は同点1位を3つ作る（最大2個を削る）。
> - 3番の人は同点1位を2つ作る（最大1個を削る）。
> - 4番の人が一番よい1つを選ぶ。
> - 3番の人が一番よい1つを選ぶ。ただし自分が削ったものがあれば必ずそれを選ぶ。
> - 2番の人が一番よい1つを選ぶ。ただし自分が削ったものがあれば必ずそれを選ぶ。
> - 1番の人が一番よい1つを選ぶ。

助手：この4人版の同点1位法の案はうまくいきますか？

博士：残念ながらこの案のままではうまくいきません。4番の人は最初に選ぶので一番よいものが選べます。3番の人は同点1位を2つ作ったので、4番の人の次に選んでも一番よいものが選べます。2番は同点1位を3つ作ったので、4番と3番の人の後に選んでも一番よいものが選べます。

　しかし困るのは1番の人です。1番は同点1位を4つしか作らなかったので、2番の人が2個削り、3番の人が別の1個を削り、4番が削っていないカットを選んでしまった場合、削っていないカットがなくなってしまいます。

助手：カウント先生、わかりました。1番の人が同点1位を4つでなく、5つ作ればよいのではありませんか。

博士：その通りです。1番の人が作る同点1位の数は、2番の人が削る最大個数2、3番の人が削る最大個数1、最初に選ぶ人用の個数1、最後に選ぶ人用の個数1を

足し算した5にする必要があります。

4人版の同点1位法はこんな感じになります。

4人版の同点1位法
- 1番の人は同点1位を5つ作る。
- 2番の人は同点1位を3つ作る（最大2個削る）。
- 3番の人は同点1位を2つ作る（最大1個削る）。
- 4番の人が一番よい1つを選ぶ。
- 3番の人が一番よい1つを選ぶ。ただし自分が削ったものがあれば必ずそれを選ぶ。
- 2番の人が一番よい1つを選ぶ。ただし自分が削ったものがあれば必ずそれを選ぶ。
- 1番の人が一番よい1つを選ぶ。

助手：1番の人が5等分したカット5つの中で、4人が実際にもらうのは4つだけです。余りとして残るのは、行き先のないカット1つと削ってできた余りですね。

博士：その通りです。これらの残りをみなが放棄すれば、誰もが自分の分が一番よいと感じます。

助手：もし残りを誰かにあげたら、もめてしまいますか？

博士：もちろんです。全員が残りを放棄しなければなりません。

助手：4人版同点1位法を何回か繰り返すとどうなりますか？

博士：毎回1番の人が最初に5分割するとしましょう。そう

すると、こんな感じになります。同点1位法の1回目終了後、1番の人は確実に全体の$\frac{1}{5}$を手に入れます。

助手：どうしてですか？

博士：自分の見方で5等分して、その1つを最後に手に入れるからです。他の人は1番の人の見方で、全体の$\frac{1}{5}$またはそれを一部削ったものを手に入れています。いずれにしても他の人はそれぞれ全体の$\frac{1}{5}$以下の正の割合を手に入れます。

助手：余りはどうなりますか？

博士：1番の人の見方で、余りは全体の$\frac{4}{5}$未満となります。1番の人が全体のちょうど$\frac{1}{5}$を手に入れ、2番から4番の3人がそれぞれ全体の$\frac{1}{5}$以下の正の割合を手に入れるからです。

助手：同点1位法の2回目終了後はどうですか？

博士：全体の$\frac{4}{5}$未満である余りに対して、4人版同点1位法を使うと、1番の人の見方で、1番の人が全体の$\frac{4}{5}$未満のちょうど$\frac{1}{5}$、つまり全体の$\frac{4}{25}$未満を手に入れます。2番から4番の3人は全体の$\frac{4}{25}$未満の正の割合を手に入れます。2回目の余りは全体の$\left(\frac{4}{5}\right)^2 = \frac{16}{25}$未満となります。

助手：3回目終了後はどうですか？

博士：3回目の余りは全体の$\left(\frac{4}{5}\right)^3 = \frac{64}{125}$未満となります。

助手：先生、了解しました。4人版同点1位法を何回も繰り返せば余りはどんどん小さくなるのですね。

博士：その通りです。

助手：それではもっと人数の多い5人の場合も全員自分が一番よいと感じるように分けられますか？

博士：5人の場合も同様です。次のようになると思います。

5人版の同点1位法

・1番の人は同点1位を9つ作る。
・2番の人は同点1位を5つ作る(最大4個削る)。
・3番の人は同点1位を3つ作る(最大2個削る)。
・4番の人は同点1位を2つ作る(最大1個削る)。
・5番の人が一番よい1つを選ぶ。
・4番の人が一番よい1つを選ぶ。ただし自分が削ったものがあれば必ずそれを選ぶ。
・3番の人が一番よい1つを選ぶ。ただし自分が削ったものがあれば必ずそれを選ぶ。
・2番の人が一番よい1つを選ぶ。ただし自分が削ったものがあれば必ずそれを選ぶ。
・1番の人が一番よい1つを選ぶ。

博士：1番の人が作る同点1位の個数は、2番の人が削る最大個数4、3番の人が削る最大個数2、4番の人が削る最大個数1、最初に選ぶ人用の個数1、最後に選ぶ人用の個数1を足し算した9にすれば大丈夫なはずです。

助手：それではもし一般のn人だったらどうなりますか？

博士：n人の場合の最初の人が切るカット数を$f(n)$と表して、同点1位数と呼ぶことにします。同点1位数の増え方を見てみましょう。

n	2	3	4	5	6	7	8
$f(n)$	2	3	5	9	17	33	65
増分		+1	+2	+4	+8	+16	+32

博士：2人の場合は2で、3人の場合は3なので、1増えます。

3人の場合は3で、4人の場合は5なので、2増えます。

4人の場合は5で、5人の場合は9なので、4増えます。

このあとどうなると思いますか？

助手：おそらく、5人の場合は9で、6人の場合は8増えて、17になり、7人の場合は16増えて、33になり、8人の場合は32増えて、65になるのでしょうか？

博士：そう思います。最初に切るカット数、つまり同点1位数を一般の場合で予想してみましょう。

2人の場合　$2=2$
3人の場合　$(1)+2=3$
4人の場合　$(1+2)+2=5$
5人の場合　$(1+2+4)+2=9$
6人の場合　$(1+2+4+8)+2=17$
7人の場合　$(1+2+4+8+16)+2=33$

8人の場合　$(1+2+4+8+16+32)+2=65$

助手：するとn人だった場合は……？

博士：3人以上のn人の場合、

$$f(n) = (1+2+4+8+\cdots+2^{n-3})+2$$

となります。

　この和の計算は、よく知られた2の累乗の和の公式を使うと

$$1+2+4+8+\cdots+2^{n-3}=2^{n-2}-1$$

と書き換えられるので

$$(1+2+4+8+\cdots+2^{n-3})+2=2^{n-2}-1+2=2^{n-2}+1$$

となります。

助手：2の累乗の和の公式って何ですか？

博士：tを0以上の整数として

$$1+2+2^2+2^3+\cdots+2^t=2^{t+1}-1$$

という公式です。

助手：わかりました。

博士：つまりnが2以上なら、同点1位数$f(n)=2^{n-2}+1$となり、最初に$(2^{n-2}+1)$個に等分すればよいことになります。

助手：先生、念のための確認ですが、$(n-1)$人の場合とn人の場合の同点1位法の違いはどこからくるのですか？

博士：いい質問です。違いはこうなります。$(n-1)$人の場

合の1番の人は、ただ等分するだけですが、n人の場合この人は2番の人となり、(等分していた個数-1)個のカットを削ることになるのです。これでn人の場合の1番の人はその分余計に等分しておかなければなりません。

	最後からn番目	最後から$(n-1)$番目	最後から$(n-2)$番目	...	最後から2番目	最後
$(n-1)$人の場合		$f(n-1)$個に等分 後で1個取る	$(f(n-2)-1)$個削る 後で1個取る	...	$(f(2)-1)$個削る 後で1個取る	1個取る
n人の場合	$f(n)$個に等分 後で1個取る	$(f(n-1)-1)$個削る 後で1個取る	$(f(n-2)-1)$個削る 後で1個取る	...	$(f(2)-1)$個削る 後で1個取る	1個取る

助手：どういうことですか？

博士：$(n-1)$人の場合、1番の人は$f(n-1)$個に等分し、後で1個もらいます。最後の人は1個もらいます。これ以外の途中の人は1個以上削り、後で1個もらいます。途中の人はそれぞれ自分の後にいる人数に応じて必要最大個数削るとします。

n人の場合、1番の人は$f(n)$個に等分し、後で1個もらいます。最後の人は1個もらいます。これ以外の途中の人は1個以上削り、後で1個もらいます。特に2番の人は$(f(n-1)-1)$個削り、後で1個もらいます。2番以外の途中の人は$(n-1)$人の時の動作と変更はありません。

したがって$(n-1)$人の場合からn人の場合の1番の人の等分する数の増加は、n人の場合の2番の人が$(f(n-1)-1)$個削ることに起因します。つまりこうです。

$$f(n) = f(n-1) + (f(n-1)-1) = 2 \cdot f(n-1) - 1$$

つまり

$$f(n) - 1 = 2 \cdot (f(n-1) - 1)$$

そして

$$f(2) - 1 = 2 - 1 = 1$$

なので

$$f(n) - 1 = 2^{n-2}$$

つまり

$$f(n) = 2^{n-2} + 1$$

となります。

助手:それではn人版の同点1位法の全体手順はどうなりますか?

博士:nが2以上で次のようになると思います。

---

n人版の同点1位法

・1番の人は$(2^{n-2}+1)$個の同点1位を作る。
・2番の人は$(2^{n-3}+1)$個の同点1位を作る。

> ...
> ・($n-2$)番の人は3個の同点1位を作る。
> ・($n-1$)番の人は2個の同点1位を作る。
> ・n番の人が一番よい1つを選ぶ。
> ・($n-1$)番の人が一番よい1つを選ぶ。ただし自分が削ったものがあれば必ずそれを選ぶ。
> ・($n-2$)番の人が一番よい1つを選ぶ。ただし自分が削ったものがあれば必ずそれを選ぶ。
> ...
> ・2番の人が一番よい1つを選ぶ。ただし自分が削ったものがあれば必ずそれを選ぶ。
> ・1番の人が一番よい1つを選ぶ。

助手：よさそうですね。

博士：以上から次のようかん定理が成立します。

> **ようかん定理**
> ようかんの一部については、n人全員に放棄してもらうことが許されれば、誰もが自分の分が他の人の取り分と比べて一番よいと感じるように、ようかんを分けることができる。

博士：どうですか。すごい定理と思いませんか。

助手：たしかにすごい定理かもしれませんが、相談者のメールの方はどうしますか？ けっきょく解決できないの

ですか？
博士：相談者もようかんの一部を放棄して、3人版の同点1位法を行うのではいけませんか？
助手：それでは相談者の悩みは解決しません。先生、3人の場合はなんとかなりませんか？
博士：わかりました。明日なんとか考えてみましょう。今日はこれで終えることにします。

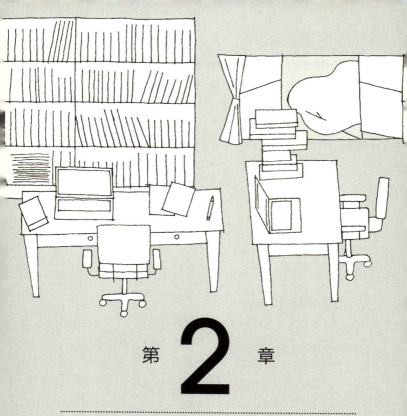

第 2 章

トリミング調整法

翌日です。カウント博士とワトソンさんが昨日の相談メールについて話しています。

助手：相談者の希望はこうでした。3人の人がいて、ようかんの一部ではなく、ようかん全体を、誰もが自分の分が一番よいと思えるように分けたいのです。ようかんに余りが出ることは許されません。

博士：わかりました。それでは試しに、第1段階として3人版同点1位法を使って、ようかんを分けてみましょう。

3人版同点1位法
- 1番の人は同点1位を3つ作る。
- 2番の人は同点1位を2つ作る（最大1個削る）。
- 3番の人が一番よい1つを選ぶ。
- 2番の人が一番よい1つを選ぶ。ただし自分が削ったものがあれば必ずそれを選ぶ。
- 1番の人が一番よい1つを選ぶ。

助手：この第1段階が終了すると、3人は自分の分が一番よいと感じています。でも、ようかんの余りがあります。第2段階が必要です。

博士：余りをなんとか分けないといけません。例えば繰り返し型の3人版同点1位法はどうでしょうか？

助手：それでは何回繰り返しても、余りの余りの……の余り

が出てきます。

博士：そうですね。

繰り返し型の3人版同点1位法
・3人版同点1位法を1回行う。
・余りがなければ終了。
・以下を永遠に繰り返す。
（a）分けていない余りに対して3人版同点1位法を行う。
（b）余りがない、あるいは、発生した余りが十分小さいと3人が同意して余りを全員放棄すれば、終了。

助手：もしも毎回余りが出て、余りの放棄に反対する人が必ず出たら終了することはできません。永遠に続いてしまいます。何か他のアイデアはありませんか？

博士：残念ながら、これ以上名案は浮かびません。

助手：先生、ちょっと待ってください。1つよいことに気がつきました。

博士：何ですか？

助手：3人版同点1位法を1回行うと、1番の人は削ったカットをもらった人をかわいそうに思っています。1番の人は、その人に対してびくともしない優位な立場にいます。

博士：どういうことですか？

助手：削ったカットをもらった人に、仮に余り全体をあげても1番の人の優位はびくともしません。なぜなら余り

　　　　全体をその人にあげても、ようやく自分と同じ大きさ
　　　　になったと感じるだけだからです。
博士：確かにびくともしませんね。では、このびくともしな
　　　　い優位な立場を絶対的優位と呼び、原理4としましょ
　　　　う。

> **原理4　絶対的優位**
> Aさんがようかんを自分の基準でn個に等分し、Bさん
> がその1つのカットの一部を削ったものを得た場合、
> AさんはBさんに対して絶対的優位な立場にある。
> つまり削った余りをさらにAさんとBさんで分ける場
> 合、余りをどのような分け方で分けても、AさんはB
> さんに対して、自分の分が相手の分以上と感じること
> ができる。

助手：この優位をなんとか利用できませんか？
博士：1番の人は、削ったものをもらった人が自分より先
　　　　に、分けた余りを選んだその後の順番でも、残ったも
　　　　のを余裕で選択できます。
　　　　　2番と3番のうちで、削ったものを得た人を不運な
　　　　人、削らない普通のものを得た人を普通の人と呼ぶこ
　　　　とにすると、第2段階として余りをこんな感じに分け
　　　　ることができそうです。1番の人は不運な人に対して
　　　　絶対的優位な立場にあります。
　　　　　以下が余りの分割法です。

> **第2段階 余りの分割法**
> ・普通の人は余りから同点1位を3つ作る。
> ・不運な人は一番よい1つを選ぶ。
> ・1番の人は一番よい1つを選ぶ(不運な人に対して絶対的優位)。
> ・普通の人は一番よい1つを選ぶ。

助手：これでみな自分が一番よいと感じることができるのですか？

博士：その通りです。理由を説明します。

　まず不運な人は最初に選ぶことができたので余りの3分割から一番よいものが選べたと感じます。

　不運な人の次に選ぶ1番の人は、通常なら不利な順番ですが、自分は不運な人に対して絶対的優位な立場にあると感じています。不運な人は削られた分の一部をようやく取り戻しているのに対し、自分は新たな部分をさらに得ていると思っています。つまり不運な人より自分がよいと感じています。

　1番の人は、最後に選ぶ人をかわいそうだと感じます。自分の方が順番で先に選ぶので、普通の人よりよいと感じています。つまり1番の人は他の2人に対して、自分が一番よいと感じています。

　最後に選ぶ普通の人ですが、この人は自分の基準で3等分したものの1つを得ているので、自分の分が一番よいと感じています。

つまり余りの分割においても、みな自分の分がよいと感じています。

助手：なるほど。3人で余りを放棄することなしに、全員自分が一番よいと感じる方法ができたのですね。

博士：この方法をトリミング調整法と呼ぶことにしましょう。

トリミング調整法

3人で誰もが自分が一番よいと感じる分け方。

第1段階
- 1番の人は同点1位を3つ作る。
- 2番の人は同点1位を2つ作る（最大1個削る）。
- 3番の人が一番よい1つを選ぶ。
- 2番の人が一番よい1つを選ぶ。ただし自分が削ったものがあれば必ずそれを選ぶ。
- 1番の人が一番よい1つを選ぶ。
- 余りがなければこれで終了。あれば余りに対して以下を行う。

第2段階
（2番と3番で、削ったものを得た人を不運な人、そうでない人を普通の人と呼ぶ）
- 普通の人は同点1位を3つ作る。
- 不運な人は一番よい1つを選ぶ。

> ・1番の人は一番よい1つを選ぶ(不運な人に対して絶対的優位)。
> ・普通の人は一番よい1つを選ぶ。

博士：トリミング調整法の実行過程はこんな感じになります。まず第1段階で、1番の人が3等分します。図2-1は2番の人の見方で、ちょっと極端に描いています。もちろん1番の人からはどれも同じ大きさに見えています。

図2-1　1番の人が3等分したようかん

博士：次に2番の人が1個削って、同点1位を2つ作ります（図2-2）。

図2-2　中を2つ作ったようかん

博士：そして、3番、2番、1番の順に一番よいものを選び

ます。

　サイズ中の普通版、サイズ中の削除版、サイズ小のうち、3番の人がどれを一番よいと思うかは、本人次第です。例えば、3番の人がサイズ中の普通版を一番よいと選んだとします。そうすると2番の人はサイズ中の削除版を選びます。

　ということは2番の人が削除版をもらった不運な人、3番の人が普通版をもらった普通の人となります。そうすると、第2段階で、余りを3番の普通の人が3等分して、3人は、不運な2番の人、1番の人、普通の3番の人の順に一番よいものを得ます。

　第2段階で、不運な2番の人は最初に選ぶので一番よいものが選べます。

　1番の人は不運な2番の人をかわいそうに思っています。1番の人から見ると、第1段階の余りをすべて、不運な2番の人に渡して、ようやく1番の人と同じになるからです。1番の人は自分より後に選ぶので、普通の3番の人もかわいそうに思います。

　最後に選ぶ普通の3番の人は、同点1位を3つ作ったので、一番よいものが得られます。

助手：第1段階で3番の人が他のものを選んだ場合はどうなりますか？

博士：第1段階で3番の人がサイズ中の削除版を選んだ場合も、サイズ小を選んだ場合も同様です。第2段階で、不運な人が最初に選び、1番の人は不運な人をかわいそうに思い、普通の人は最後に余裕で一番よいものを得ることができます。

助手：誰も自分が一番よいと思えるのですね。

博士：その通りです。余りも出ません。

助手：相談者の問題は完全に解決ですね。それでは相談者の方にメールで連絡しておきます。

博士：お願いします。

解説

　ものを分ける際に問題となるのは参加者の判断基準です。判断基準は人によってさまざまです。例えば同一物でも、大好きという人もいれば、普通という人もいます。

　ようかん1本やケーキ1個を参加者で分ける場合、各参加者の判断基準をどう表現したらよいでしょうか？1つの方法はようかんやケーキを各成分ごとに分けて、成分の合計点が100点となるように、各成分の満点を申告する方法です。

　例えば成分1と成分2からできているとして、成分1を70点満点、成分2を30点満点といったように申告します。こうすると成分1全体の体積の $\frac{1}{2}$ と、成分2全体の体積の $\frac{1}{3}$ を得た場合、その人の判断基準で $70 \times \frac{1}{2} + 30 \times \frac{1}{3} = 35 + 10 = 45$ 点を得たと考えられます。こうして参加

者の任意の獲得分を0点以上100点以下で評価できます。

ようかんやケーキを扱うもう1つの方法は、累積評価点をグラフで表示する方法です。簡単のため、ようかんもケーキも直方体とします。ナイフを1本用意して、左端の辺から右端の辺へナイフを水平にゆっくり移動します。ナイフの位置をカット位置と呼び、左端とナイフのカット位置の間の部分の評価点をグラフに記入します。例えば以下のようになります。

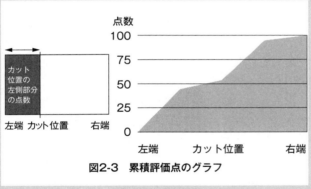

図2-3　累積評価点のグラフ

これでそれぞれの参加者の評価基準が、累積評価点のグラフとして表示できます。グラフは左端からの累積評価点なので、右上がりの折れ線や連続曲線になります。カット位置が左端なら評価点は0点、カット位置が右端なら評価点は100点になります。

例を示します。まず、1成分の直方体の場合の累積評価点のグラフは1本の直線になります（図2-4 左）。1

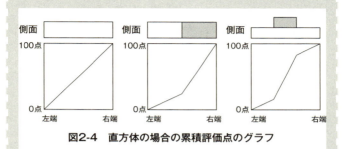

図2-4 直方体の場合の累積評価点のグラフ

成分の直方体と別の1成分の直方体の横連結の場合の累積評価点のグラフは1ヵ所で折れた折れ線になります（同図中央）。1成分の直方体の上に短い1成分の直方体を載せた場合の累積評価点のグラフは2ヵ所で折れた折れ線になります（同図右）。

グラフは、カット位置が、高評価の部分を通過すれば右上がりの角度が急になり、低評価の部分を通過すれば右上がりの角度がゆるやかになります。

　左端≦位置1≦位置2≦右端

となるように位置1と位置2を選ぶと、位置1から位置2までの部分の評価点は次のようになります。

　評価点＝位置2の累積評価点－位置1の累積評価点

評価点は次の2性質を持つと考えられますので、累積評価点のグラフ表示を用いても、参加者の任意の獲得分を0点以上100点以下で評価することができます。

1) 体積0の部分の評価点は0点、体積が全体の評価点は100点で、どんな部分の評価点も0点以上、100点以下です。

   0≦評価点≦100

2) 共通部分を持たない部分1と部分2に対して、部分1の評価点a、部分2の評価点b、部分1と部分2を得た場合の評価点cの間には、以下の加法関係が成立します。

   $a+b=c$

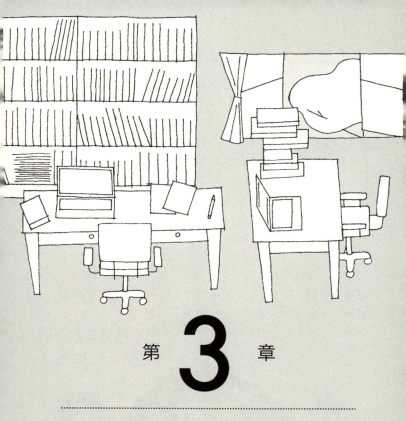

第 3 章

くだもの問題

ワトソンさんがカウント博士の部屋にやってきました。

助手：先生、研究所のホームページで相談メールを受け付けると昨日書いたところ、早速新しい相談メールが飛び込んできました。
博士：どんな相談ですか？
助手：くだもの好きの姉妹からの相談です。何種類かのくだものを1個ずつ頂いたので、2人で分けたいそうです。
博士：どんなくだものですか？
助手：メロンやモモなど6種類のくだものだそうです。
博士：それで何が問題なのですか？
助手：2人ともくだもの好きなのですが、それぞれのくだも

図3-1

第3章 くだもの問題

のの好みが同じだったり、違ったり、バラバラだそうです。

例えば姉はすごくメロンが好きで、妹はとてもモモが好きで、バナナは2人とも同じくらい好きといった感じです。

博士：それは自然でしょう。だったら、それぞれが一番好きなくだものをもらうようにしたらよいのではありませんか。

助手：でもその方針だけでは収拾がつかなくなるかもしれません。そこで2人は、合計点が100点となるように、各自の基準で各くだものに、10点とか25点とか、評価点を付けてお互いに点数を公開して、納得のいくように分けたいらしいのです。

博士：点数をつけるのは名案かもしれません。ところで、6つのくだものに対する2人の評価点数はそれぞれ何点ですか？

助手：メールにはそこまで具体的に書いてありません。きっとどんな場合でも解決できる方法を作ってほしいということなんだと思います。

博士：そうですか。それでは、例えばくだもの6種類を、メロンとモモとミカンとブドウとキウイとバナナとして、こんな感じの評価点にしてみましょう。合計はどちらの人も100点になっています。

項目	メロン	モモ	ミカン	ブドウ	キウイ	バナナ	合計
姉	40	20	15	10	10	5	100
妹	30	40	5	15	5	5	100

助手：この表のくだものの順番ですが、どういう順にならんでいるのですか？

博士：姉の評価点の高い順番です。もしも妹の評価点の高い順番の方がよければこうなります。

項目	モモ	メロン	ブドウ	ミカン	キウイ	バナナ	合計
姉	20	40	10	15	10	5	100
妹	40	30	15	5	5	5	100

助手：わかりました。ミカンとブドウが同じ季節にあるかどうか自信がありませんが……。

博士：ここで大事なことが1つあります。例えば姉から見るとメロン1個は40点に見えますが、妹から見ると30点にしか見えません。一方、妹から見るとモモ1個は40点に見えますが、姉からは20点にしか見えません。

助手：同じものを眺めているのに不思議ですね。

博士：ところでくだもの1個を、例えば半分ずつとか、$\frac{1}{4}$と$\frac{3}{4}$とかに分けてもよいのですか？

助手：もちろんです。でも1個を2つの部分に分けるのは、なるべく避けたいそうです。まるごと1個のくだものの多い方がよいそうです。

博士：わかりました。そこで相談者の目標は何ですか？

助手：相談メールの続きをまとめると、次のようになります。

　　2人でくだものを分けて、自分の評価基準を使って、自分の分や相手の分を眺めます。ここで自分の評価基準を使って、自分の分を計算した点数のことを獲得点数と呼ぶことにします。

　　1番目の目標は、各自の獲得点数を同じにしたいそうです。つまり姉の評価基準を使って姉の分を評価した点数と、妹の評価基準を使って妹の分を評価した点数が同じになるということです。

　　2番目の目標は、相手の分を見てもうらやましくないようにしたいのです。つまり自分の評価基準を使って相手の分を評価した点数は、自分の評価基準を使って自分の分を評価した獲得点数以下にしたいそうです。

　　3番目の目標は、上記2つの目標が実現できる範囲で、姉の獲得点数、妹の獲得点数を最大になるようにしたいそうです。

博士：すいぶん欲張った目標ですね。

助手：そうですか？

博士：目標全部達成できなくてもよければ、容易に達成できますよね。

助手：どうするのですか？

博士：例えば各くだものをちょうど$\frac{1}{2}$ずつ分けるのです。これならばどんな評価基準の人でも、全体得点100点のちょうど半分もらうので、獲得点数は50点です。2人の獲得点数はどちらも50点で等しくなります。自分の基準で見た相手の分の点数も同じく50点です。うらやましく思うこともありません。

助手：3番目の目標はどうですか？

博士：そこが保証できません。すべてを半分ずつに切った場合が、2人の得点が可能な範囲で最大という保証はありません。お互いに評価点の高いくだものの割合を$\frac{1}{2}$より増やせれば、姉や妹の獲得点数は大きくできるかもしれません。

助手：そうですか。

博士：例えばこんな場合が考えられます。

　兄と弟の2人で、好き嫌いの個人差の強い食べ物、オクラとパクチーを分けたとします。兄はオクラを99点、パクチーを1点と評価して、弟はオクラを1点、パクチーを99点と評価したとします。

助手：2人は正反対の評価なのですね。

博士：もし2人がそれぞれ好きな方をもらう、つまりオクラを兄、パクチーを弟がもらうと、それぞれ獲得点数は99点で、合計獲得点数は198点になります。

助手：もし反対に分けたら悲惨です。

博士：その通りです。オクラを弟、パクチーを兄がもらうと、それぞれの獲得点数は1点で、合計獲得点数は2点になります。

助手：もしオクラを半分ずつ、パクチーを半分ずつ分けると、それぞれの獲得点数は50点で、合計獲得点数は100点になります。

博士：一般に、ものを2人で分ける場合、全部を1人が独占せず、どの評価点も正の値とすると、各自の基準で評価した獲得点数は次のようになります。

0＜1人分の獲得点数＜100
0＜2人分の獲得点数の和＜200

助手：ということは、各くだものを半分ずつにするのは、必ずしも名案ではないということですか。

博士：その通りです。それから目標2ですが、こう言い換えてもよいかもしれません。

　自分の評価基準で相手の分と自分の分を比較して、うらやましく思わないということは、くだものの全体を分けているので、自分の評価基準で見た相手の得点と自分の得点の合計は100点になります。つまり、自分の評価基準で見た相手の点数は、100点から自分の獲得点数を引いた値です。うらやましくないということは以下になります。

100－自分の獲得点数≦自分の獲得点数

博士：これは　50≦自分の獲得点数　を意味します。したが

って2番目の目標は、各自の獲得点数を50点以上にしたいと言い換えられることになります。

50≦自分の獲得点数

助手：一般的な性質はわかりました。肝心の相談の方ですが、こちらはどうしたらよいでしょう？

しばらく考えてから博士の説明が再開しました。

博士：次のような、くだものを移動するゲームを考えてみましょう。妹が最初全部のくだものを持っています。妹はくだものを渡す順番を決めて、1つずつ順番に姉に渡していきます。最初、妹の獲得点数は100点、姉の獲得点数は0点です。また、全部渡し終わると妹の獲得点数は0点、姉の獲得点数は100点になります。

助手：ただ渡すだけでゲームは終わるのですか？

博士：いえいえ、そうではありません。このゲームの途中で第三者の審判員が「ストップ」と言います。

助手：どんな時に「ストップ」と言うのですか？

博士：第三者の審判員はそれぞれの獲得点数を見張っています。開始状態では妹の点数が姉より高く、審判員が「ストップ」を言わないままゲームを続けていくと、最後には姉の点数が妹より高くなります。

　ということは途中で必ず2人の獲得点数が一致する瞬間がやってくるはずです。その時審判員が、「スト

第3章 くだもの問題

妹から姉にくだものを移動するゲーム

ップ」と叫ぶのです。これでゲームは終了で、終了時の各自の獲得点数がこのゲームの点数になります。私たちは、このゲームの点数をなるべく大きくしたいのです。

助手：1つ質問です。くだもの1つを渡す前は、妹の獲得点数の方が高いですが、そのくだもの1つ渡した後は、姉の獲得点数の方が高くなるという場合があると思います。その場合、くだものを渡すどの時点で、第三者の審判員は「ストップ」と言うのですか？

博士：いい質問です。こうしましょう。

ゲーム開始から毎回1秒に1個ずつくだものを渡していきます。そして1つのくだものの手渡し移動の開始から終了まで、連続的に移動して、ちょうど1秒かかることにします。

毎回開始0秒後は受け取る側の獲得点数は増えていません。開始1秒後で受け取る側の獲得点数がそのくだもの1個分増えます。この0秒後と1秒後の途中の時刻は経過時間に比例して点数を獲得するものとします。

送り出す側も同様です。毎回開始0秒後は送り出す側の獲得点数は減っていません。開始1秒後で送り出す側の獲得点数はそのくだもの1個分減少します。この0秒後と1秒後の途中の時刻は経過時間に比例して点数が減少するものとします。

第3章　くだもの問題

助手：獲得点数は、妹は妹の評価基準で減少して、姉は姉の評価基準で増えていくのですね。

博士：その通りです。簡単な場合で説明してみます。例えばチョコとクッキーとグミがあって、これらの大好きな兄と弟の2人が、このように評価点を決めたとします。

項目	チョコ	クッキー	グミ
兄	70	20	10
弟	10	20	70

博士：最初、弟がすべてを持っていて、兄に1つずつ渡していきます。

最初の獲得点数は兄が0点で弟は100点です。渡す順番は、例えばグミ、クッキー、チョコとしましょう。

弟が最初にグミを渡します。これで兄の獲得点数は10点、弟の獲得点数は30点になります。次に弟がクッキーを渡します。渡しはじめ0秒は得点変化がありません。0.5秒経過した時点で兄はクッキー20点の0.5倍の10点増加します。弟はクッキー20点の0.5倍の10点減少します。これで2人の得点は一致したので「ストップ」と声がかかります。2人はそれぞれ獲得点数が20点になり、ゲームの点数は20点で終了です。

助手：渡す順番で2人の獲得点数は変わるのですか？

博士：もちろんです。もし違う順番で渡すと2人はもっと高

い獲得点数で終了できます。

　渡す順番を、例えばチョコ、クッキー、グミとしましょう。最初兄が0点で弟は100点です。弟が最初にチョコを渡します。これで兄の獲得点数は70点、弟の獲得点数は90点になります。次に弟がクッキーを渡します。渡しはじめ0秒は得点数に変化がありません。0.5秒経過した時点で兄はクッキー20点の0.5倍の10点を増加させます。弟はクッキー20点の0.5倍の10点を減少させます。これで2人の獲得点数は同じになるので「ストップ」と声がかかります。兄も弟も獲得点数は80点で、ゲームの点数は80点で終了です。

助手：獲得点数が増えましたね。

博士：それでは私から1つ質問してよいですか？　まず受け取る側の立場で考えてみます。受け取る側の点数は最初0点から増加していきます。「ストップ」と言われた時点の獲得点数を最大にするにはどうしたらよいですか？

助手：「ストップ」はいつ言われるかわからないのですね？

博士：その通りです。

助手：それなら、自分の評価点の一番高いもの、2番目に高いもの、3番目に高いもの、……を順番に獲得するのが一番高くなります。そうすれば「ストップ」と言われた時点で最高の獲得点数になります。

博士：正解です。それでは今度は送り出す立場で考えてみます。送り出す側の点数は100点から減少していきます。「ストップ」と言われた時点の獲得点数を最大にするにはどうしたらよいですか？

助手：受け取る側とは反対に、自分の評価点の一番低いもの、2番目に低いもの、3番目に低いもの、……を順番に相手に渡すのがよさそうです。そうすれば、ストップと言われた時点で最高の獲得点数になります。

博士：正解です。以上をまとめるとこうなります。

原理1

「ストップ」と言われるまでの獲得点数を最大にするには、渡す側は評価点の最も低いものから最も高いものの順に渡せばよい。

受け取る側は評価点の最も高いものから最も低いものの順に受け取ればよい。

助手：先生、一般原理はわかりましたが、今回の相談者の姉の最も高いものからはじめる順番と妹の最も低いものからはじめる順番はちがっています。

姉の希望する受け取り順番
メロン　モモ　ミカン　ブドウ　キウイ　バナナ

妹の希望する手渡し順番
バナナ　キウイ　ミカン　ブドウ　メロン　モモ

博士：そうでした。
助手：先生、この原理は何かの役に立つのですか？

博士：ちょっと待ってください。少しだけ考えさせてください。

博士はしばらく考えて、再び話し始めました。

博士：2番目の原理を思いつきました。もし妹がどのくだものも評価点が同じだったらどうでしょうか。

この場合だと6個で100点なので、どのくだものも$\frac{100}{6}$点と評価していた場合です。その場合姉の希望する順番で渡せば、どちらも「ストップ」と言われるまで最高の獲得点数になります。

原理2

渡す側のどのくだものの評価点も等しければ、どのような順番で渡しても、「ストップ」と言われるまでの獲得点数は最大になる。

受け取る側が「ストップ」と言われるまでの獲得点数を最大にするには、評価点の最も高いものから最も低いものの順に受け取ればよい。

助手：この原理は、もしも妹がどれも評価点が$\frac{100}{6}$点だった場合ですよね。

博士：その通りです。

助手：でも実際は$\frac{100}{6}$点ではありません。姉と妹はどうすればよいのですか？

博士：妹の評価点をすべて一定にできればよいのですよね。

第3章 くだもの問題

助手：はい。
博士：1つ方法があります。
助手：どうするのですか？
博士：頭の中だけでよいのですが、メロンを30等分、モモを40等分、ミカンを5等分、ブドウを15等分、キウイを5等分、バナナを5等分するのです。これでくだものは100個のくだもの片になりました。妹の評価ではどのくだもの片も1点で同一です。
助手：妹は同じ評価点になりました。びっくりです。
博士：姉と妹で、メロン30個、モモ40個、ミカン5個、ブドウ15個、キウイ5個、バナナ5個、合計100個のくだもの片の分割問題となります。

項目	メロン	モモ	ミカン	ブドウ	キウイ	バナナ	合計
	1個	1個	1個	1個	1個	1個	
姉	40	20	15	10	10	5	100
妹	30	40	5	15	5	5	100

項目	メロン	モモ	ミカン	ブドウ	キウイ	バナナ	合計
	30個	40個	5個	15個	5個	5個	
姉	1.33	0.5	3.0	0.67	2.0	1.0	100
妹	1	1	1	1	1	1	100

助手：姉のもらう順番はどうなりますか？

博士：原則の通りです。「ストップ」と言われるまでに姉が最高の獲得点数を得るためには、くだもの片の評価点が最も高いものから最も低いものへの順番で受け取ります。

項目	ミカン	キウイ	メロン	バナナ	ブドウ	モモ	合計
	5個	5個	30個	5個	15個	40個	
姉	3.0	2.0	1.33	1.0	0.67	0.5	100
妹	1	1	1	1	1	1	100

助手：この順番で「ストップ」と言われた時はどうなりますか？

博士：ゲームはこんな感じになります。

　　最初姉は0点、妹は100点で、「ストップ」と言われなければ最後に姉は100点、妹は0点となります。

　　くだもの片を1個ずつ渡していき、第三者の審判員は姉の獲得点数と妹の獲得点数が等しくなった時点で「ストップ」と言います。この時点で私たちの3つの目標はすべて達成できているはずです。

助手：どうしてですか？

博士：まず1つ目の目標の各自の獲得点数ですが、第三者の審判員が見張っていて等しいことは保証されています。

　　2つ目の目標は獲得点数が50点以上です。これはすべてのくだもの片の比率が1.0の場合とくらべればわ

かります。

　すべて1.0の場合、姉の０点から100点への獲得点数の上昇速度も、妹の100点から０点への獲得点数の減少速度も同一の定数速度です。したがって、ちょうど獲得点数50点のところで両者は出会って「ストップ」となります。

　すべてのくだものの片の比率が必ずしも1.0でない場合、姉の０点から100点への獲得点数の上昇速度は最初が最大速度で、だんだん減っていき、最後が最小速度です。一方、妹の100点から０点への獲得点数の減少速度は上記の定数速度です。したがって妹の獲得点数が50点まで減少した時に、姉の獲得点数が50点未満では、最終的に100点に到達できません。後半は前半より速度が遅いからです。

　したがって両者は、獲得点数50点以上の位置で出会い「ストップ」となります。

　３つ目の目標ですが、この方法は、他のどんな順番でくだもの移動ゲームを行った場合のゲームの得点に比べても、最大になります。なので、どちらにとっても最高の獲得点数が得られます。

　よって、目標がすべて達成できたということになります。

助手：わかりました。でも、くだものを100個に分けるのは大変そうです。実際はどうすればよいのですか？

博士：実際の手順は次のようになります。２つに切らなければならないくだものの個数は常に１個以下です。これは大切な特徴です。

> **くだもの分割法**
>
> 　各くだものについて、比率＝姉の評価点／妹の評価点を計算し、この比率の高いものから低いものへとくだものを順番に並べる。
>
> 　最初妹がすべてのくだものを持っている。
>
> 　妹は上記の順番で1つずつくだものを姉に渡していく。
>
> 　渡した後の姉の獲得点数＜妹の獲得点数なら何もしない。
>
> 　渡した後の姉の獲得点数＝妹の獲得点数なら終了。
>
> 　渡した後の姉の獲得点数＞妹の獲得点数なら、このとき渡したくだものを適切な割合で分割して両者の獲得点数を等しくして終了。

助手：先生、いつも全部妹が持っている時点から開始する必要がありますか？

博士：いい質問です。くだものの順番さえ守れば、渡していく途中の段階から実行してもよいかもしれません。そして

　　姉の獲得点数＜妹の獲得点数

なら時間をさらに進めていき、

　　姉の獲得点数＞妹の獲得点数

なら、時間を逆に戻していきます。
助手：どんな途中段階がよいですか？
博士：姉の評価点＞妹の評価点　のくだものはすべて姉の所にあり、姉の評価点＜妹の評価点　のくだものはすべて妹の所にあるという途中段階で、どうでしょうか？
助手：姉の評価点＝妹の評価点　のくだものはどっちにしますか？
博士：どちらでもよいのですが、例えば姉の所にしましょうか。そうすると方法は次のようになります。
　　この方法を勝者調整法と呼ぶことにしましょう。

くだもの分割法（勝者調整法）

1．各くだものについて

　姉の評価点≧妹の評価点なら、そのくだものは姉のもの、姉の評価点＜妹の評価点なら、そのくだものは妹のものとする。

2．姉と妹の獲得点数が同一ならゲームは終了。そうでなければ、獲得点数の高い側の持つくだものを獲得点数の低い側に対して、評価点の比率が1に近いくだもの順に、1つずつ移動して、獲得点数が一致するようにする。

　そのくだもの1つをすべて移動しても、低い側の獲得点数が高い側の獲得点数未満ならば、まるごと移動する。

　もし獲得点数が一致した場合は終了する。

> そのくだものをすべて移動すると、低い側の獲得点数が高い側の獲得点数を超えるならば、一部移動して獲得点数が同一になるようにして終了する。

助手：どうして比率が1に近いくだもの順に移動するのですか？

博士：姉は比率1以上をすべて持っていて、妹は比率1未満をすべて持っています。姉が獲得点数の高い側なら、比率の小さいものから移動します。妹が獲得点数の高い側なら、比率の大きいものから移動します。つまり比率が1に近いくだもの順になります。

助手：わかりました。

博士：それではこの手順を実行してみましょう。

同じくだものに対する姉と妹の評価点の比率を記入してみます。比率は $\dfrac{\text{姉の評価点}}{\text{妹の評価点}}$ で表します。

比率の大きいものから小さいものへ1列に並べると、以下のようになります。比率が1より小さいものは妹の評価が姉より高く、比率が1より大きいものは姉の評価が妹より高いものです。比率が1のものは妹も姉も同じに評価しています。

ミカン3.0、キウイ2.0、メロン1.33、バナナ1.0、ブドウ0.67、モモ0.5

第3章 くだもの問題

助手：まず同一くだものに対する評価点の比率が、1.0以上なら姉のもの、1.0未満なら妹のものとしてくだものを分けます。

博士：そうすると、合計点は姉70点、妹55点になります。下線がついている評価点が持っている側を示します。2人の獲得点数は一致していません。これは獲得点数が一致する瞬間を超えた段階です。時間を逆に戻しましょう。つまり姉から妹にくだものを戻していきます。

項目	メロン	モモ	ブドウ	ミカン	キウイ	バナナ	合計
姉	<u>40</u>	20	10	<u>15</u>	<u>10</u>	<u>5</u>	70
妹	30	<u>40</u>	<u>15</u>	5	5	5	55

博士：高得点の人から低得点の人へ比率が1に近い順にくだものを1つずつ動かして合計点を同じにしていきます。

バナナ1.0＜メロン1.33＜キウイ2.0＜ミカン3.0

まずバナナを動かします。

助手：すべて姉から妹へ移しても合計点の大小関係は変わりません。合計点は姉が65点、妹が60点になります。

項目	メロン	モモ	ブドウ	ミカン	キウイ	バナナ	合計
姉	<u>40</u>	20	10	<u>15</u>	<u>10</u>	5	65
妹	30	<u>40</u>	<u>15</u>	5	5	<u>5</u>	60

博士：次はメロンですが、全部動かすと合計点の大小関係が逆転してしまいます。

メロン1.33＜キウイ2.0＜ミカン3.0

そこでメロンの一部を割合pだけ姉から妹へ移し、割合$1-p$は姉に残して、2人の得点を同点にしましょう。

等式で表現するとこうなります。姉の得点は$40(1-p)+25$、妹の得点は$30p+60$で、両者の得点は等しくなります。

$$40(1-p)+25 = 30p+60$$

この式を解くと次のようになります。

$$p = \frac{1}{14}$$

つまりメロンを割合$\frac{1}{14}$だけ姉から妹へ移すと、2人の獲得点数は62.1点で同じになり、終了です。

項目	メロン	モモ	ブドウ	ミカン	キウイ	バナナ	合計
姉	$40 \times \frac{13}{14}$	20	10	<u>15</u>	<u>10</u>	5	62.1
妹	$30 \times \frac{1}{14}$	<u>40</u>	<u>15</u>	5	5	<u>5</u>	62.1

助手：わかりました。

博士：結果を確認してみましょう。2人の獲得点数は等しいです。どちらも自分の基準で相手の分を見ると自分の得点以下に見えます。

姉から見た妹の分　　$40 \times \dfrac{1}{14} + 20 + 10 + 5 = 37.9 \leqq 62.1$

妹から見た姉の分　　$30 \times \dfrac{13}{14} + 5 + 5 = 37.9 \leqq 62.1$

助手：2人はそれぞれ50点以上で等しい獲得点数ですね。この値は可能な限りで大きい値なのですね。

博士：もちろんです。方法は完成しました。相談者はいっせいに自分の評価点を相手に公表するというルールを守れば、このやり方はもっとも公平かつ最善の方法だと思います。切るくだものも1個以下で済みますし……。

助手：相談者の悩みも無事解決しましたね。

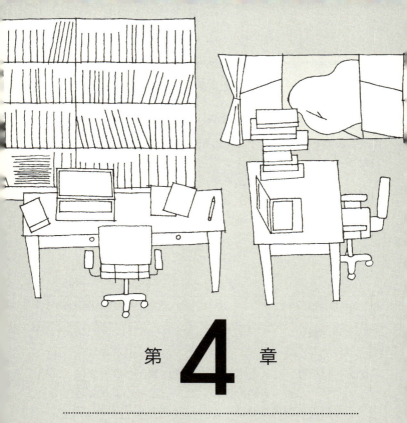

第 **4** 章

最大化問題

カウント博士が補足します。

博士：このくだもの問題ですが、姉と妹の間でくだものをわざわざ移動しなくても解けてしまうかもしれません。

助手：どういうことですか？

博士：話を単純にして、兄と弟でチョコとイチゴを分ける場合で考えてみましょう。例えば2人の評価点は次のようになっているとします。

項目	チョコ	イチゴ	合計
兄	70	30	100
弟	20	80	100

博士：目標は、2人とも自分の獲得点数が相手の分以上に感じ、しかも各自の獲得点数が一致するような範囲で、最大の獲得点数にしたいわけです。

そこで未知数xやyを使って方程式や不等式で条件を表現して、獲得点数の最大化問題として解いてみましょう。

助手：獲得点数の最大化ですか？

博士：その通りです。弟がもらうチョコの割合をx、イチゴの割合をyとしましょう。xもyも0以上1以下の実数です。こうすると兄がもらうチョコの割合は$1-x$、イチゴの割合は$1-y$となります。

助手：確かにそうです。

博士：満たしたい条件をそれぞれ式で表します。

弟の分はチョコが20点満点でイチゴが80点満点なので、弟の獲得点数は

$$20x + 80y$$

です。

兄はチョコが70点満点でイチゴが30点満点なので、兄の獲得点数は

$$70(1-x) + 30(1-y)$$

です。

2人の獲得点数が一致するという式は

$$70(1-x) + 30(1-y) = 20x + 80y$$

となります。

チョコ20点満点、イチゴ80点満点で眺める弟が、兄の分を見て、自分の得点の方が兄の得点以上と感じる式は次のようになります。

$$20x + 80y \geq 20(1-x) + 80(1-y)$$

同様にチョコ70点満点、イチゴ30点満点で眺める兄が弟の分を見て、自分の得点の方が弟の得点以上と感じる式は次のようになります。

$$70(1-x) + 30(1-y) \geq 70x + 30y$$

助手：条件が表現できました。これから獲得

点数を最大化したいのですね。

博士：この条件を満たす範囲内で、兄の獲得点数と弟の獲得点数が最大になるようなxとyを見つければよいのです。2人の獲得点数は同じなので、例えば弟の獲得点数を最大にするxとyを見つけましょう。

　　　たしかワトソンさんのスマホには線形計画アプリが搭載されていましたよね。線形計画アプリを使えば、1次式の等式や不等式を満たす範囲内の最大値が求まるはずです。

助手：ええ、そうでした。

　ワトソンさんは線形計画アプリがスマホにあることを思い出しました。線形計画アプリとは線形計画問題を解いてくれるアプリです。線形計画問題とは、実数値をとる変数をいくつか使って、1次等式や1次不等式で問題を表現し、それらの条件を満たす範囲内で、目標の1次式の評価関数を最大あるいは最小にする場合を求める問題です。

線形計画アプリへの入力

最大化 $20x+80y$ …弟の獲得点数

$0 \leq x \leq 1$ $0 \leq y \leq 1$ ……チョコとイチゴの分割する割合

$70(1-x)+30(1-y)=20x+80y$ …獲得点数は同じ

$70(1-x)+30(1-y) \geq 70x+30y$ …うらやましくない

$20x+80y \geq 20(1-x)+80(1-y)$ …うらやましくない

第4章 最大化問題

入力が終わると線形計画アプリが答えを教えてくれました。画面には次のような2次元の平面グラフも出てきました。

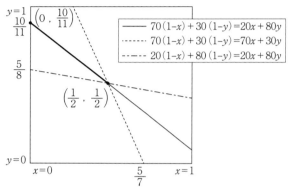

図4-1 線形計画問題

助手：わかりました。$x=0$、$y=\dfrac{10}{11}=0.909$ で最大値 $\dfrac{800}{11}=72.7$ です。

つまり弟がチョコの0％、イチゴの $\dfrac{10}{11}$ をもらい、兄がチョコの100％とイチゴの $\dfrac{1}{11}$ をもらえば、弟の獲得点数の最大値 $\dfrac{800}{11}$ が実現します。

与えた5つの条件を満たす点 (x,y) は、点 $\left(\dfrac{1}{2},\dfrac{1}{2}\right)$ と点 $\left(0,\dfrac{10}{11}\right)$ を結ぶ太い線分となります。図4−1では、原点と $(0,1)$ と $(1,0)$ と $(1,1)$ を結ぶ正方形内の点

で、点 $\left(\frac{1}{2}, \frac{1}{2}\right)$ と点 $\left(0, \frac{10}{11}\right)$ を結ぶ直線上で、一点鎖線の境界線の原点を含まない側（境界線も含む）で、破線の境界線の原点を含む側（境界線も含む）です。

弟の獲得点数 $20x + 80y$ は点 $\left(\frac{1}{2}, \frac{1}{2}\right)$ で最小値50、点 $\left(0, \frac{10}{11}\right)$ で最大値 $\frac{800}{11}$ となります。

博士：最大や最小は、範囲となる線分の途中でなく、端の点で起こります。これで各自の感じる獲得点数は同じ $\frac{800}{11} = 72.7$ 点で、確かに50点以上を達成しています。

そして自分の獲得点数は72.7点、相手の点数は27.3点に見えています。お互いに自分の分が一番よいと感じているはずです。

助手：確かにそうですね。

博士：それから、1つのものを2つの部分に分ける必要があるのは、イチゴだけになっています。チョコはまるごと兄にいっています。

助手：線形計画アプリは便利ですね。

博士：そうでしょう。今の計算で1つ気がつきました。切る人・選ぶ人法で、切る人の側はいつも50点の獲得点数をもらいますが、選ぶ人の側の獲得点数は、多い場合や少ない場合がありますね。

助手：どういうことですか？

博士：選ぶ人の側は切った人が2つに分けたものの中で大きい方を選びます。したがって選ぶ人にとって、どちら

も等しい50点と50点に見える場合が最小になります。この場合、獲得点数は50点となります。

選ぶ人にとって最大となる場合は、1つが50点より非常に大きく、1つが50点より非常に小さい場合です。大きい方を選べば獲得点数は50点より非常に大きくなります。

実例で試してみましょう。兄が切る人で弟が選ぶ人の場合、弟がもらう点数の最小値は50点です。線形計画アプリに入力すると確認できると思います。

1つ目のカットはチョコの割合がx、イチゴの割合がyで、2つ目のカットはチョコの割合が$1-x$、イチゴの割合が$1-y$とします。兄には1つ目と2つ目のカットが同じ点数、つまり50点に見え、弟には1つ目の点数が2つ目の点数以上に見えます。

この条件で1つ目のカットの弟の獲得点数を最小化してみましょう。先の議論から弟の獲得点数は50点になるはずです。

助手:わかりました。以下のように入力してみます。

線形計画アプリへの入力

最小化 $20x+80y$ …大きい方の得点

$0≦x≦1$ $0≦y≦1$ …チョコとイチゴの分割割合

$70(1-x)+30(1-y)=50$ …同じ点数に2分割

$20x+80y≧20(1-x)+80(1-y)$…大きい方と小さい方

助手:結果は次のように50点になりました。

> **選ぶ人の獲得点数の最小値**
> 切る人（チョコ$\frac{1}{2}$, イチゴ$\frac{1}{2}$）　切る人50点
> 選ぶ人（チョコ$\frac{1}{2}$, イチゴ$\frac{1}{2}$）　選ぶ人50点

博士：今度は、やはり兄が切る人で弟が選ぶ人の場合に、弟がもらう獲得点数が最大になるようにしてみましょう。

助手：次のように線形計画アプリに入力します。同一条件で1つ目のカットの弟の点数を最大化します。

> **線形計画アプリへの入力**
> 最大化　$20x+80y$　…大きい方の得点
> $0≦x≦1$　$0≦y≦1$　……チョコとイチゴの分割割合
> $70(1-x)+30(1-y)=50$　…同じ価値に2分割
> $20x+80y≧20(1-x)+80(1-y)$…大きい方と小さい方

助手：結果は次のようになります。弟にとって評価点の高いイチゴの方をまるごともらう場合が最大となり、選ぶ人の点数は$\frac{600}{7}=85.7$点です。

> **選ぶ人の獲得点数の最大値**
> 切る人（チョコ$\frac{5}{7}$, イチゴ0）　切る人50点

> 選ぶ人（チョコ$\frac{2}{7}$, イチゴ1） 選ぶ人85.7点

博士：もし弟が切る人だったらどうなるかやってみましょう。

助手：同様に、兄の獲得点数を最小化する問題は次のようになります。

> **線形計画アプリへの入力**
> 最小化 $70(1-x)+30(1-y)$ …大きい方の得点
> $0 \leq x \leq 1$ $0 \leq y \leq 1$ …チョコとイチゴの分割割合
> $20x+80y=50$ …同じ点数に2分割
> $70x+30y \leq 70(1-x)+30(1-y)$…大きい方と小さい方

助手：結果は、選ぶ人の最小点数は50点となります。

> **選ぶ人の獲得点数の最小値**
> 切る人（チョコ$\frac{1}{2}$, イチゴ$\frac{1}{2}$） 切る人50点
> 選ぶ人（チョコ$\frac{1}{2}$, イチゴ$\frac{1}{2}$） 選ぶ人50点

助手：今度は選ぶ人の獲得点数を最大化します。

> **線形計画アプリへの入力**
> 最大化 $70(1-x)+30(1-y)$ …大きい方の得点
> $0 \leq x \leq 1\ 0 \leq y \leq 1$ …チョコとイチゴの分割割合
> $20x+80y=50$ …同じ点数に2分割
> $70x+30y \leq 70(1-x)+30(1-y)$ …大きい方と小さい方

助手：結果は次のようになります。兄にとって評価点の高いチョコの方をまるごともらう場合が最大値です。選ぶ人の点数は $\frac{650}{8}=81.2$ 点です。

> **選ぶ人の獲得点数の最大値**
> 切る人（チョコ0, イチゴ $\frac{5}{8}$） 切る人50点
> 選ぶ人（チョコ1, イチゴ $\frac{3}{8}$） 選ぶ人81.2点

博士：どうやらこういうことのようです。切る人は50点と50点に分けますが、選ぶ人から見て、50点と50点となる場合が最小値、評価点の高い方のものがまるごともらえる場合が、最大値ですね。

助手：なんだか、当たり前の感じもしてきました。

博士：以上からわかることは、もし選ぶ人の側の判断基準を読めれば、切る人の側は選ぶ人の側の獲得点数をコントロールできるということです。

切る人が意地悪ならば、選ぶ人にとっても得点が50点と50点になるように切って、相手の獲得点数を最小

助手：びっくりです。でも実際は選ぶ人の側の判断基準は想像できないと思います。

博士：おっしゃるとおりですね。

助手：肝心の相談者の方には最終版のくだもの分割法を連絡しておけばよろしいですか？

博士：はい。お願いします。

解説

2人で複数個の共有物を分ける場合に、共有物の評価点の合計が100点となるように、各自申告してもらうことにします。こうすると、各自の評価基準で自分の分を評価した獲得点数が一致し、しかも自分の評価基準で相手の分を眺めると自分の獲得点数以下に見え、すなわち自分の獲得点数が50点以上で、さらに両者の獲得点数を最大にする方法が得られました。

この方法をようかんを1ヵ所で切る問題とみなして表現すると、次のようになります。

各共有物の

$$比率 = \frac{2番目の人の評価点}{1番目の人の評価点}$$

を求めます。共有物を、この比率の値が、一番小さいものから一番大きいものまで、大きさの順に、左側から右

側へ一直線に並べます。並べた共有物は1つのようかんであり、途中1ヵ所で切ると左側部分と右側部分に分かれます。1番目の人の左側部分の評価点と、2番目の人の右側部分の評価点が一致するカット位置で切ると、目標が達成できることになります。

兄と弟でチョコとイチゴを分ける線形計画問題は、3次元グラフで考えると、わかりやすくなります。スマホ画面の平面上に、獲得点数を垂直方向に高さとして表現すると、3次元グラフが得られます。

弟の獲得点数

$20x + 80y$

は1つの平面となり、点$(0,0)$で高さ0、点$(1,1)$で高さ100、点$(1,0)$で高さ20、点$(0,1)$で高さ80となります。同様に兄の獲得点数

$$70(1-x) + 30(1-y)$$

は1つの平面となり、点$(0,0)$で高さ100、点$(1,1)$で高さ0、点$(1,0)$で高さ30、点$(0,1)$で高さ70となります。そしてどちらの平面も点$\left(\frac{1}{2}, \frac{1}{2}\right)$で高さ50です。

2人の獲得点数の等しい範囲は、弟の平面と、兄の平面の交わる直線$20x + 80y = 70(1-x) + 30(1-y)$となります。この交わる直線上の点では弟の獲得点数の平面も兄の獲得点数の平面も同じ高さとなっています。

弟から見て兄の分がうらやましくない範囲は弟の平面

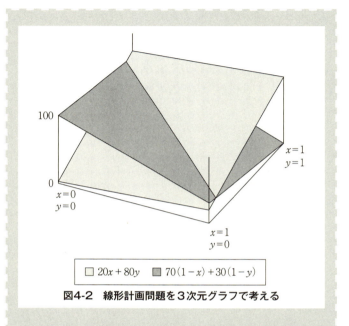

図4-2 線形計画問題を3次元グラフで考える

の高さが50以上の範囲です。兄から見て弟の分がうらやましくない範囲は兄の平面の高さが50以上の範囲です。

つまり弟の平面と兄の平面の交わる直線上で、弟の平面の高さが50以上、兄の平面の高さが50以上の範囲で、最大の高さの場所を求める問題となります。直線$20x + 80y = 70(1-x) + 30(1-y)$上で、点$\left(0, \frac{10}{11}\right)$と点$\left(\frac{1}{2}, \frac{1}{2}\right)$を結ぶ線分の範囲となります。最大や最小はこの線分の途中でなく、端で起こります。すなわち獲得点数は

点$\left(0, \frac{10}{11}\right)$で最大値$\frac{800}{11}$、点$\left(\frac{1}{2}, \frac{1}{2}\right)$で最小値50となります。

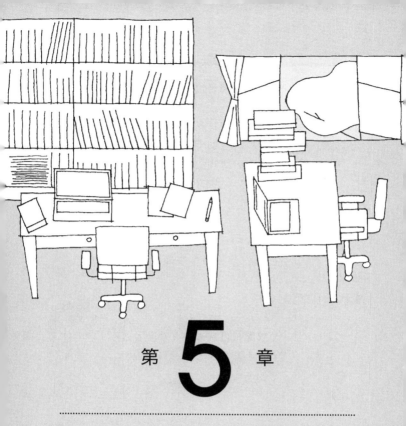

第 5 章

三角形の建物定理

ワトソンさんが新聞を持ってきました。

助手：おはようございます。今日は、相談メールは来ていません。代わりに、今朝の新聞に出ていたテーマパークに新しい三角形の建物ができたというニュースをお持ちしました。

博士：新しい建物ですか？

助手：部屋探しゲームをする三角形の建物だそうです。建物の中にたくさんの三角形の小部屋があって、その中から柱3本の色が3色別々の部屋を探し出すゲームです。

博士：面白そうですね。

新聞には次のような図とともに小部屋探しゲームの説明が出ていました。

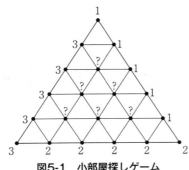

図5-1　小部屋探しゲーム

第 5 章　三角形の建物定理

三角形の小部屋探し

　図のような三角形の建物内に三角形の小部屋が25室ある。各部屋には柱が3本、ドアが3つある。図中、小さい三角形の頂点が柱、辺がドアを示す。建物全体で柱は21本、ドアは45個ある。

　ドアは部屋から他の部屋に通じるか、部屋と外をつなぐ。各柱は白か青か赤のどれか1つの色で塗られている。建物の外から見える15本の柱は連続する5本が白、連続する5本が青、連続する5本が赤である（図で柱の色は番号1、2、3で表示）。

　建物のへりの15本の柱の色は建物の外から見えるが、内部の6本の柱の色は建物の外からは見えない。これら6本の内部の柱の色は、毎日開園前にランダムに決められるという。

　あなたは建物の外にいる。柱3本の色が別々の小部屋をできるだけ確実に探したい。どのようにすればよいか？

助手：先生、毎日ランダムに、内部の6本の柱の色を変えるんでしたら、柱の色が3本別々の小部屋を必ず見つけられるものでしょうか？　もしも25室全部見て回って、結局、1つも見つからなかったら、テーマパークの人はお客さんにどう説明するのでしょうか？

博士：本当ですね。不思議ですね。あっ、ちょっと待ってく

ださい。どうやら、内部6本の柱の色はどんなふうに塗っても、必ず柱3本別々の色の小部屋が1個以上ある感じがしてきました。

助手：本当ですか？

博士：柱の色が3本別々の小部屋のことをゴールの部屋と呼ぶことにしましょう。色は、白、青、赤の順に色1、色2、色3と呼ぶことにします。ゴールの部屋は、色1と色2と色3の3種類すべての色の柱を持った部屋です。

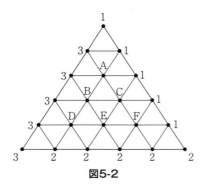

図5-2

博士：色が不明でクエスチョンマーク（？）がついていた柱を図の上から順にA、B、C、D、E、Fと呼ぶことにします。これからわざと、柱3本の色が別々の小部屋が出現しないように、がんばって色を塗ってみることにします。

助手：少し意地悪ですね。

博士：まず柱Aですが、これを色2で塗ったらゴールの部屋

が出現してしまいます。そこで塗るなら色1か色3です。同様に柱Fですが、これも色3で塗ったらゴールの部屋が出現してしまいます。塗るなら色1か色2です。

次に柱A、C、Fを、例えば仮に色1を使わない方針で、色2か色3で塗る案を考えてみます。上記から柱Aは色3で、柱Fは色2で塗るしかありません。すると間の柱Cは色2でも色3でもゴールの部屋が右側にできてします。

つまり柱A、C、Fをどのように色2と色3で塗っても、色2の柱と色3の柱が隣接する線分が直線A、C、F上に出現してしまい、外側に色1の柱が一直線に並んでいるため、必ずゴールの部屋が右側にできてしまいます。

そこで、ゴールの部屋を作りたくなければ、1つの選択は柱A、C、Fをすべて色1で塗ることになります。

柱B、Eについても、同様な議論から、色2や色3で塗るとゴールの部屋が右側にできてしまうので、すべて色1にすることが、ゴールの部屋を作らないための1つの選択となります。

さらに柱Dについても、同様の議論から、色2や色3で塗るとゴールの部屋が右側にできてしまうので、ゴールの部屋を作りたくなければ、色1にするしかありません。しかしそうするとゴールの部屋が左側にできてしまいます。以上から、ゴールの部屋を作らないように色を塗ることは難しいことがわかります。

内部の6本の柱はどのように塗ってもゴールの部屋ができてしまう感じです。

助手：のがれることのできない運命のようなものですね。

博士：そう思います。

助手：質問です。ゴールの部屋が1個以上あることは了解しましたが、私たちは外から確実に到達できるのでしょうか？

博士：確実にですか？

助手：例えば、25室全部を1つ1つ調べるのは無駄です。どれか適切なドアを1つ選んで、そこからどんどん進んで行くと、そのゴールの部屋に到達できるような必勝法があるとよいのですが。

博士：そんな必勝法があったらすごいですね。一緒に考えてみましょう。

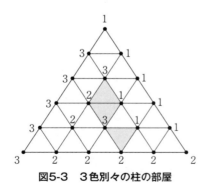

図5-3　3色別々の柱の部屋

博士：私たちは建物の外にいます。建物の外から見える15個のドアのどれか1つを選んで、開けて建物内部に入ら

第 5 章　三角形の建物定理

なければなりません。どのドアを開けたらよいでしょうか？

助手：外に面している小部屋は、色1と色1の柱のドアが4つ、色1と色2の柱のドアが1つ、色2と色2の柱のドアが4つ、色2と色3の柱のドアが1つ、色3と色3の柱のドアが4つ、色3と色1の柱のドアが1つです。

　私たちはゴールの部屋、つまり3色別々の柱の部屋を探すのですね。

博士：そうです。

助手：それなら、柱2つの色が同じとわかっている部屋のドアは開ける必要はないです。それはゴールの部屋ではありませんからね。

博士：その通りですが、もしかしたら、そういう部屋の少し向こうにゴールの部屋があるかもしれません。

助手：そうかもしれませんが、同じ色の柱2本の部屋を開けるのは明らかに無駄と思います。なるべく早く目的の部屋を見つけるためには、2本の柱の色が違っている部屋のドアを1つ選んで開けるべきです。

博士：わかりました。外から見える部屋で、2本の柱の色が違っている部屋は3つあります。どれから入ってみますか？

助手：例えば建物の図で左下にある、色3と色2の柱の間のドアを開けてみましょう。

博士：それでは出発しましょう。目標である色1の柱を目指して出発です。

　このドアを開けて、もしも3本目の柱が色1なら、

　　　　柱3本別々の色のゴールの部屋に到達して、探索は終了します。

助手：わかりました。ドアを開けて残る柱の色が色1なら、ゴールの部屋です。

博士：それではもし、残る柱が残念ながら色2か色3だったらどうしますか？　私たちはさらに別の部屋を調べる必要があります。

助手：その場合のルールも同じでどうでしょうか。ドアを開けて、例えば3本目の柱の色が色2だとします。そうするとまだ開けていないドアは、色2と色2の柱の間のドアか、色2と色3の柱の間のドアです。

　同じ色の柱の間のドアを開けてもその部屋はゴールの部屋ではないので、無駄です。色2と色3の柱の間のドアを開けましょう。

博士：わかりました。残る柱が色3だった場合も同様ですね。まだ開けていないドアは、色3と色3の柱の間のドアか、色3と色2の柱の間のドアになりますので、2色別々の柱の間のドアを開けるのですね。

助手：1つ確認です。私たちは、色2と色3の柱の間のドアという時、ドアに向かって左側の柱と右側の柱は、どっちが色2でどっちが色3でも気にしないのですよね。

博士：もちろんそうです。2本の柱はとにかく色2と色3で別々に塗られていればよいです。左側の柱が色2、右側の柱が色3でも、あるいは、右側の柱が色2、左側の柱が色3でも、どちらでもかまいません。

第5章 三角形の建物定理

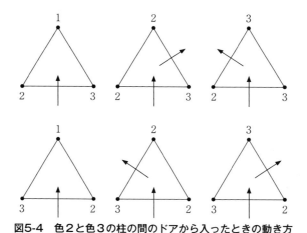

図5-4 色2と色3の柱の間のドアから入ったときの動き方

博士：私たちのルールをまとめるとこうなります。

色2と色3の柱の間のドアを開けて、そこに色1の柱があれば終了。
なければ新しい色2と色3の柱の間のドアを開ける。

助手：色2と色3の柱の間の新しいドアを開けるとどうなりますか？

博士：可能性は3つあると思います。

場合1：部屋がなくて建物の外に出てしまう。
場合2：部屋があって、残る柱の色が色1で探索が終了す

> る。
> 場合3：部屋があって、残る柱の色が色2か色3で、さらに新しい色2と色3の柱の間のドアを開ける。

博士：ただし、この建物では新しくドアを開けて、建物の外に出ることはできません。

助手：どうしてですか？

博士：建物のへりにある15個のドアのうち、色2と色3の柱の間のドアは、最初に入った1ヵ所のみだからです。

助手：私たちはいつも新しいドアを開けて進んでいるので、最初のドアに後退することはないのですね。

博士：そうです。毎回、色2と色3の柱の間の新しいドアを求めて、移動しています。だからこの建物の外に出ることは、絶対にありません。

助手：わかりました。ということは、場合2と場合3のみになりますか。

博士：そうです。

助手：場合3ですが、色2と色3の柱の間の新しいドアを開けて、すでに訪問した部屋に戻ってしまうことはないのでしょうか？

博士：いい質問です。その可能性は全くありません。1つの部屋は、最大2つまでしか色2と色3の柱の間のドアを持てません。

訪問した部屋に戻ってくるためには、その部屋が色2と色3の柱の間のドアを3つ持っていなければなりません。1回目に到達するドア、出て行くドア、2回

　　　　目に到達するドアの3つです。したがって一度通った部屋に戻ることもありません。
助手：わかりました。ということは場合2なら終了で、場合3なら全く新しい部屋への移動のみということになります。
博士：そうなります。
助手：どんどん色2と色3の柱の間の新しいドアを開けて、色1の柱を求めていくと最後はどうなるのですか？
博士：部屋は25個しかないので、色2と色3の柱の間の新しいドアを開ける操作は、やがて必ずそれ以上できなくなります。それ以上できなくなるということは、場合3もなくなり、場合2のみになるということです。私たちはゴールの部屋に到達したことになります。
助手：すごいですね。毎回色2と色3の柱の間の新しいドアを開けていけば、必ずそれ以上進むことができなくなり、残る柱の色が色1の部屋に到達するというわけですね。
博士：はい。言い換えると、建物のへりから出発すれば柱が3色別々の部屋が必ず1つあるということになります。

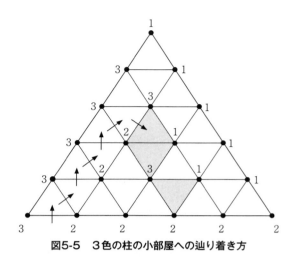

図5-5 3色の柱の小部屋への辿り着き方

助手：建物のへりのドアから出発して、到達できないゴールの部屋はありますか？

博士：それはある場合とない場合があると思います。

助手：どういうことですか？

博士：仮に建物のへりから到達できないゴールの部屋があったとしましょう。この部屋から出発して、色2と色3の柱の間のドアを開けながら、別のゴールの部屋を探してみます。

　　　ドアを開けた場合の可能性は、さっきと同じです。

場合1：部屋がなくて建物の外に出る。
場合2：部屋があり、残る柱の色が色1で探索終了。

> **場合3：部屋があり、残る柱の色が色2か色3で、さらに
> 新しい色2と色3の柱の間のドアを開ける。**

博士：つまり、建物の外に出るか、ゴールの部屋に到達するか、ゴールでない部屋で色2と色3の柱の間の新しいドアを開けるかのどれかです。

　もし外に出た場合は、そのゴールの部屋から出発して建物のへりに唯一ある色2と色3の柱の間のドアから出たことになります。しかし、この場合、建物のへりから到達できない部屋という仮定に反するので、絶対に起こりません。また、この探索ですでに訪問した部屋に戻ることもありません。

　以上から、建物のへりから到達できないゴールの部屋を出発して、色2と色3の柱の間の新しいドアを開けながら移動していくと、必ず別のゴールの部屋に到達することになります。

　つまり、建物のへりから到達できないゴールの部屋がある場合、2つ1組で存在しているのです。1つの柱が3色バラバラの部屋と、もう1つの柱が3色バラバラの部屋は、色2と色3の柱の間のドア1個以上を経由してつながっているということになります。

　以上からどんな場合も全体で1個以上奇数個のゴールの部屋があることがわかります。

助手：へりのドアの出発場所を変えて、色1と色3の柱の間のドアを開けて、色2の柱を求めながら、毎回色1と色3の柱の間のドアを開けていくとどうなりますか？

博士：この場合、さっきと同じゴールの部屋に到達します。建物のへりから到達できない2つのゴールの部屋は、色3の柱でつながっています。

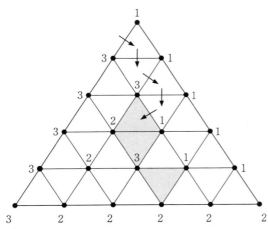

図5-6　色1と色3の柱の間のドアから入った場合

助手：念のためですが、へりにある色1と色2の柱の間のドアを開けて、色3の柱を求めながら、毎回色1と色2の柱の間のドアを開けていくとどうなりますか？

博士：この場合、今までとは違うゴールの部屋に到達します。建物のへりから到達できない1対のゴールの部屋も、今までと違う2部屋で、そして色1と色2の柱の間のドアでつながっています。

第5章 三角形の建物定理

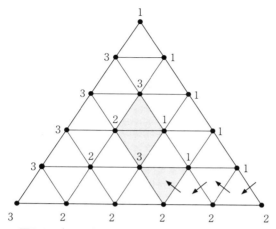

図5-7 色1と色2の柱の間のドアから入った場合

助手：ということは、建物のへりにある2色の柱の間のドアのどれを開けるかで、到達するゴールの部屋は変わることがあるのですね。

博士：その通りです。以下の定理を、三角形の建物定理と呼ぶことにします。

三角形の建物定理

三角形の小部屋1個以上からできている三角形の建物で、各柱の色は3色のどれか1色で塗られている。
外側から見える三角形の3辺上のドアで、
色1と色2の柱の間のドアが合計1個ある、または
色2と色3の柱の間のドアが合計1個ある、または

101

> 色3と色1の柱の間のドアが合計1個あるならば、
> ゴールの小部屋が1個以上奇数個存在する。

博士：この定理は次のように一般化することが可能です。な
ぜなら、例えばへりの色1と色2の間の柱のドアを開
けて建物内に入り、へりの別の色1と色2の間の柱の
ドアから外へ出ることを許すと、へりから入って、へ
りから出るドアは1対となります。そうすると、へり
の色1と色2の間の柱のドアの合計個数は1個でなく
奇数個になります。

　　　以下の定理を三角形建物の一般定理と呼ぶことにし
ます。

三角形建物の一般定理

三角形の小部屋1個以上からできている三角形の建物
で、各柱の色は3色のどれか1色で塗られている。
外側から見える三角形の3辺上のドアで、
色1と色2の柱の間のドアが奇数個ある、または
色2と色3の柱の間のドアが奇数個ある、または
色3と色1の柱の間のドアが奇数個あるならば、
ゴールの小部屋が1個以上奇数個存在する。

助手：わかりました。なんだか変わった定理ですね。
博士：そうですね。この定理は大きな三角形を小さな三角形
　　　　に分割することと、3色の塗り方のことしか条件にな

いのに、どんな場合でもゴールの小部屋があるのはすごいですね。ちなみに、外側から見える三角形の3辺上の柱の色を2種類以下で塗った場合は、1つの色と別の色の柱の間のドアの個数は、3辺上で0以上の偶数個となり、奇数個になれません。

第 **6** 章

家賃問題

朝、新着メールが届いたようです。

助手：先生、新しい相談メールです。
博士：今回の相談は何ですか？
助手：3つ部屋がある古い一軒家を3人が共同で借りるので、月額家賃の負担をどう分割したらよいでしょうかという相談です。
博士：仲の悪い3人からの相談ですか？
助手：いえいえ。今度は仲のよい友達3人のようです。
博士：それなら友達どうし相談して決めればよいではありませんか？
助手：仲のよい友達どうしだからこそ相談したいらしいです。あとあともめないように……。相談の内容はこう

です。

　3人で古い一軒家を借りることにしました。月額の家賃はちょうど10万円です。部屋は3つあります。3人は1人1部屋ずつ使います。3人はどの部屋も気に入っていて、どの部屋でもよいと思っています。

博士：それなら何も問題ないではありませんか。

助手：いいえ。部屋の割り当てと同時に月額家賃の負担額も決めなければならないのです。

博士：なるほど。3人で共同で月額10万円を払わなければならないのですね。

助手：はい。3つの部屋は、部屋の大きさ、窓の外の景色や、日当たりなど条件がいろいろです。1つの部屋は6畳で広いのですが、窓の外は隣接建物の壁で何も見えません。日当たりもよくありません。

　もう1つの部屋は4.5畳ですが、窓の外が見えて、日当たりも少しあります。最後の部屋は3畳で狭いのですが、窓の外には隣の公園の自然の景色が見えて、日当たりも良好のようです。

博士：それでは、月額家賃を部屋の広さだけで比例配分して負担してはどうですか？　6：4.5：3はちょうど4：3：2です。そうすると6畳の部屋は月額4万4400円、4.5畳の部屋は月額3万3300円、3畳の部屋は月額2万2200円となります。合計すると月額10万円に100円不足ですが、この100円は家主さんにおまけしてもらいましょう。

助手：いいえ。家主さんは月額100円でもまけてくれないと思います。

博士：そうですか。それでは6畳の部屋だけ100円値上げして月額4万4500円としましょう。

助手：家賃の負担案は先生の提案で仮にできたとして、部屋の割り当ての方はどう決めるのですか？

博士：この月額賃料で3つの部屋を示して、3人にどの部屋を一番使いたいですか、と聞くのです。

助手：先生、ちょっと待ってください。3人はどの部屋も気に入っています。それぞれの部屋を自分なりに高く評価しています。賃料がいくらかによって一番使いたい部屋も変わります。

博士：そうですか。

助手：賃料案を見せて、2人同時にその賃料なら3畳の部屋が一番使いたいと言うかもしれませんし、あるいは3人同時にその賃料なら6畳の部屋が一番使いたいと言うかもしれません。

博士：困りました。1組の家賃分割案の提示ではうまくいかないということですね。

助手：何組も家賃分割案を見せて選んでもらうのはどうでしょうか？

博士：そうですね。1番目の部屋とその賃料を部屋1、賃料1、2番目の部屋とその賃料を部屋2、賃料2、3番目の部屋とその賃料を部屋3、賃料3と呼ぶことにして、賃料の案をいろいろ書いて見てもらいましょう。

　こんな表を作ります。合計金額はいつも10万円で、例えば分割単位2万円で作ると、全部で21通りあります。

助手：ちょっと待ってください。賃料0円の部屋も考えるの

第6章 家賃問題

賃料1	賃料2	賃料3
100000円	0円	0円
80000円	20000円	0円
80000円	0円	20000円
60000円	40000円	0円
60000円	20000円	20000円
60000円	0円	40000円
40000円	60000円	0円
40000円	40000円	20000円
40000円	20000円	40000円
40000円	0円	60000円
20000円	80000円	0円
20000円	60000円	20000円
20000円	40000円	40000円
20000円	20000円	60000円
20000円	0円	80000円
0円	100000円	0円
0円	80000円	20000円
0円	60000円	40000円
0円	40000円	60000円
0円	20000円	80000円
0円	0円	100000円

家賃分割案

ですか。すごいですね。

博士：そうですか。まずは分割案をすべて見せる必要があります。

助手：わかりました。

博士：3人にすべての分割案を見てもらい、それぞれの分割案でどの部屋が一番使いたいか決めてもらいます。

3つの部屋の賃料を順番に、(賃料1, 賃料2, 賃料3) と書いて、表示単位は万円で書くことにしましょう。

助手：例えば (2万円, 3万円, 5万円) なら (2, 3, 5) ですね。

博士：そうです。そうすると例えば、私なら (10, 0, 0) の場合は、部屋2か部屋3のどちらか1つを選びます。部屋代が0円だからです。(2, 0, 8) の場合は部屋2を選びます。同じく部屋代が0円だからです。0円で部屋を使えるのはありがたいです。

助手：確かに誰でも部屋代が0円なら、0円の部屋を選ぶと思います。

博士：そこで、こういう原理が成り立ちますね。

原理1　0円の部屋

参加者がどの部屋も気に入っている場合、(賃料1, 賃料2, 賃料3) の中に賃料0円があれば0円の部屋の1つを第1希望にする。

助手：それからどうするのですか？

博士：たくさんの家賃分割案を見せて、1つでも3人の第1希望が別々の案があれば、その案を決定案として採用しましょう。

助手：たくさん見せても、第1希望が重なっていない案が1つもなければ、やはりだめです。第1希望が別々にならなければ使えないのです。

博士：方針を変えてみましょう。3人の第1希望が別々になる、金額の近い家賃分割案が3つあるかどうかを探すということにしてみましょう。名案ありますか？

助手：先生。金額の近い案みたいなもので、第1希望が3つバラバラになるという場合を1つ思い出しました。

博士：何ですか？

助手：テーマパークの三角形の小部屋の3本の柱です。三角形の建物定理によれば、柱3本の色が別々な小部屋はいつも見つかりましたよね。

博士：わかりました。では、こうしましょう。

1つの賃料案は1つの柱だと考えます。3人で1つの三角形の小部屋に行って、それぞれ担当の1つの賃料案を評価して、柱に色を塗ってもらいます。部屋1希望なら色1で、部屋2希望なら色2で、部屋3希望なら色3で塗ってもらいましょう。

助手：A、B、Cの3人で1つの小部屋を訪れ、それぞれ柱1本を担当して、自分の第1希望に応じて色を塗るのですね。

博士：そうです。もし3本の柱の色が別々の三角形の小部屋が見つかったら、部屋割りは各自の第1希望通りにして、賃料は3つの案の部屋の平均賃料で3人に合意し

てもらいましょう。

　賃料案の分割単位は例えば1000円として、1000円単位で賃料案をすべて作り、近い賃料案3つで、1つの三角形の小部屋を作ります。例えばこんな感じです。

　賃料の表示単位は万円です。$(10, 0, 0)$ と $(9.9, 0.1, 0)$ と $(9.9, 0, 0.1)$ で1つの三角形の小部屋になります。これを3人が1本の柱ずつ評価して、柱に色を塗ります。

助手：どういう賃料案3つが、1つの小部屋の3本の柱になるのですか？

博士：同じ小部屋の柱になる賃料案3つを (x_1, x_2, x_3) と (y_1, y_2, y_3) と (z_1, z_2, z_3) とすると、どの2つの賃料案を比較しても、1つの部屋は賃料が同じ、1つの部屋は1000円高く、残りの部屋は1000円安いという関係になっています。

　あるいはこういう言い方がよいかもしれません。3つの賃料案が上にとがった1つの三角形で、3頂点はそれぞれ左下、中央上、右下と呼ぶことにします。

　左下から中央上へ行くと、賃料案の第1成分は1000円下がり、第2成分が1000円上がります。第3成分は変わりません。

　左下から右下へ行くと、賃料案の第1成分は1000円下がり、第3成分が1000円上がります。第2成分は変わりません。

　中央上から右下へ行くと、賃料案の第2成分は1000円下がり、第3成分が1000円上がります。第1成分は変わりません。

助手：わかりました。建物全体はどんな感じになるのですか？
博士：建物全体の三角形の頂点となる柱は（10, 0, 0）（0, 10, 0）（0, 0, 10）の3本です。
助手：わかりました。
博士：賃料を絶対金額でなく相対割合で表すと、例えば合計金額10万円、分割単位2万円の場合を建物図で表すと、三角形の建物全体とその三角形の小部屋はこんな感じになります。

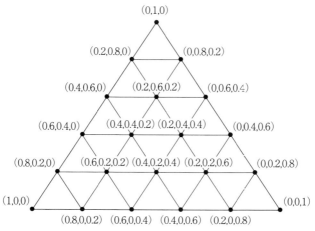

図6-1　賃料の相対割合を建物図で表してみると

助手：テーマパークの建物のへりの柱の色の塗り方と同じか違うかよくわかりませんが、第1希望がバラバラになる三角形の小部屋があるといいですね。

博士：三角形の建物の左下の頂点の柱は、部屋1が10万円で、残りの部屋は0円です。建物の右下の頂点の柱は、部屋3が10万円で、残りの部屋は0円です。建物の中央上の頂点の柱は、部屋2が10万円で、残りの部屋は0円です。

　　これらの柱を評価する人は、必ず0円の部屋の1つを選ぶことになります。

助手：三角形の建物のへりの辺の上の柱はどうなりますか？

博士：建物の頂点以外のへりの辺の上の柱は、3つの成分のうち、1つのみが0円の案です。これらの柱を評価する人も、必ず0円の部屋を選ぶことになります。

　　例えば左下の頂点 (1, 0, 0) と中央上の頂点 (0, 1, 0) を結ぶ辺の上の柱は、部屋3が常に0円の案なので、評価する人は部屋3を希望します。

助手：三角形の建物の内側の点の柱はどうですか？

博士：内側の点の柱は0円の部屋がない案です。例えば賃料案 (0.6, 0.2, 0.2) は、部屋1が6万円、部屋2が2万円、部屋3が2万円です。これらの部屋の場合は評価者が一番好きな部屋を選びます。私たちには3人のA、B、Cがどの部屋を希望するのかはわかりません。

助手：三角形の小部屋の柱を3人が1本ずつ評価する担当割り当てはどうなりますか？

博士：こんな感じになります。これでどの小部屋も3人が1本ずつ柱を評価できます。

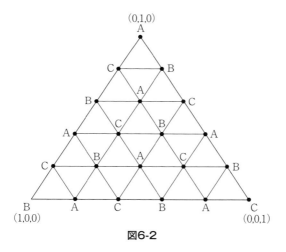

図6-2

助手：2万円単位の21通りの分割案の中に3人の第1希望がバラバラになる小部屋があるのでしょうか？

博士：三角形の建物定理を使うと、必ずあります。私たちは建物内部の柱の色はわかりませんが、建物のへりの柱の色はわかっているからです。

建物の頂点の柱の色は、それぞれ2通り可能性があります。例えば建物左下の頂点の柱の色は、色2か色3です。でもこの柱は、色2の柱の続いた列と色3の柱の続いた列の間の1本の柱です。したがってこの頂点の柱の色がどちらでも、建物全体のへりに色2と色3の柱が隣接している場所は合計1ヵ所です。

助手：そうですね。

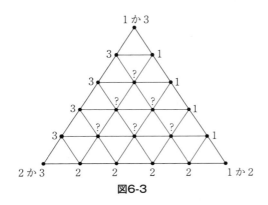

図6-3

博士：三角形の建物定理が適用できて、この25個の三角形の小部屋の中に柱の色がバラバラになる小部屋が必ず存在するのです。

助手：存在することはわかりました。どうやって探しますか？ 新しいドアを次々と開けていく方法で探しますか？

博士：その通りです。必要な小部屋の柱の色だけ判定していけばよいと思います。例えばこんな感じです。

まず開始前のドアを決める判定会を行います。これは特別に、三角形の建物の左下の小部屋の評価です。

評価者1は案1 (10, 0, 0) を、評価者2は (9.9, 0.1, 0) を、評価者3は案3 (9.9, 0, 0.1) を評価します。

助手：部屋1の賃料はすごいです。0円の部屋があるので、評価者は0円の部屋を選びますね。

博士：そうです。評価者1は部屋2か部屋3のどちらかを希望して、評価者2は部屋3を希望して、評価者3は部

屋2を希望します。

助手：評価者1は部屋2と部屋3のどちらを希望するでしょうか？

博士：本人次第です。どちらでもよいのですが、ここでは例えば部屋3を希望したとしましょう。

助手：そうすると評価者1が部屋3で、評価者2が部屋3で、評価者3は部屋2ですね。

博士：これで三角形の建物のへりにある色2と色3の柱の間のドアが見つかりました。案1（10, 0, 0）が色3の柱で、案3（9.9, 0, 0.1）が色2の柱です。これらのドアの両側の柱の案を評価した2人を基準者、残りの1人を提案者と呼びましょう。

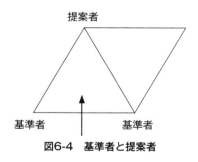

図6-4　基準者と提案者

助手：つまり基準者は1人が部屋3希望で、もう1人は部屋2希望で、2人の柱の間のドアを開けると、3本目の柱が提案者の柱ですね。この場合提案者が部屋3希望ですね。

博士：はい。提案者が部屋1を希望していれば終了ですが、

この場合そうではありません。

基準者の1人は提案者の希望と重なりました。そこでこの重なった基準者は落選して、基準者と提案者は自分の見ている案を持ったまま役割交代します。新しい基準者2名と落選した元基準者1名がいます。落選した元基準者が新しい提案者です。

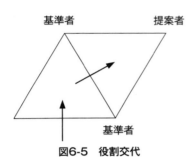

図6-5　役割交代

助手：そして判定会ですか？
博士：はい。そうです。新基準者の2人はすでに持っている案をそのまま評価をします。
助手：新しい提案者はどうなりますか？
博士：新提案者に新しい案を与えます。新しい案の作り方は、以下です。

新提案者の案＝新基準者1の案＋新基準者2の案
　　　　　　－落選した元基準者の案

助手：この場合どうなりますか？
博士：まず最初の判定会は以下の通りです。

基準者	評価者1	案1 (10, 0, 0)	部屋3希望 落選
提案者	評価者2	案2 (9.9, 0.1, 0)	部屋3希望
基準者	評価者3	案3 (9.9, 0, 0.1)	部屋2希望

博士：基準者の1人が提案者と同じ希望のため落選して、基準者と提案者が案を持ったまま入れ替わります。新提案者に新しい案が与えられ、次のようになります。案4の計算法は以下の通りです。

$$(9.9, 0.1, 0) + (9.9, 0, 0.1) - (10, 0, 0) = (9.8, 0.1, 0.1)$$

提案者	評価者1	案4 (9.8, 0.1, 0.1)	部屋？希望
基準者	評価者2	案2 (9.9, 0.1, 0)	部屋3希望
基準者	評価者3	案3 (9.9, 0, 0.1)	部屋2希望

助手：部屋1の賃料が少し安くなってきましたね。

博士：評価者1が例えばここで部屋2希望と言ったとします。

提案者	評価者1	案4 (9.8, 0.1, 0.1)	部屋2希望
基準者	評価者2	案2 (9.9, 0.1, 0)	部屋3希望
基準者	評価者3	案3 (9.9, 0, 0.1)	部屋2希望 落選

博士：すると、基準者の1人が提案者と同じ部屋2希望となったので、重なった基準者は落選し、役割が入れ替わって、新しい提案者に案5が与えられます。

$$(9.8, 0.1, 0.1) + (9.9, 0.1, 0) - (9.9, 0, 0.1) = (9.8, 0.2, 0)$$

基準者	評価者1	案4 (9.8, 0.1, 0.1)	部屋2希望
基準者	評価者2	案2 (9.9, 0.1, 0)	部屋3希望
提案者	評価者3	案5 (9.8, 0.2, 0)	部屋？希望

助手：以上の判定会を、提案者が部屋1希望と言うまで、繰り返していけばよいのですね。大丈夫とは思いますが、提案者は部屋1希望と言ってくれるでしょうね？

博士：もちろんです。三角形の建物定理から保証済みです。それに直感的にも大丈夫です。

　建物図の右上のへりにはすべて部屋1希望の柱があります。提案者が部屋2を希望すると建物の下のへりに近い場合少し遠ざかり、提案者が部屋3を希望すると、建物の左上のへりに近い場合、少し遠ざかります。新しいドアを開けていけば必ず、提案者から部屋1希望の声が上がります。

　これで第1希望がバラバラとなる3つの家賃分割案の見つけ方が完成しました。

助手：見つかったら第1希望がバラバラな3つの賃料案を平均するのですか？

博士：その通りです。例えば、分割単位1000円でゴールの三角形を見つけて、賃料の平均を取れば、たぶんみなの第1希望の気持ちに変更は起こらないと思います。

助手：そうだとよいですね。

第6章 家賃問題

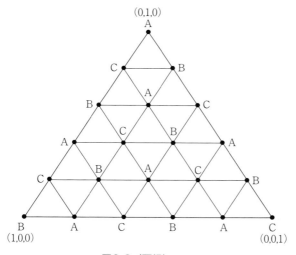

図6-2（再掲）

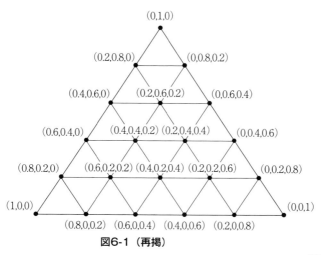

図6-1（再掲）

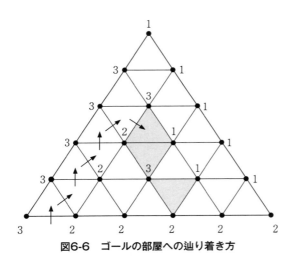

図6-6 ゴールの部屋への辿り着き方

博士：例えば分割単位2万円の場合で計算例を示すと、3つの賃料案 $(2, 6, 2)$、$(4, 4, 2)$、$(2, 4, 4)$ の三角形で、Aさんは案 $(2, 6, 2)$ で部屋3を第1希望、Bさんは案 $(2, 4, 4)$ で部屋1を第1希望、Cさんは案 $(4, 4, 2)$ で部屋2を第1希望とします。

これらの賃料の各部屋ごとの平均値を求めます。

$$\frac{(2, 6, 2) + (4, 4, 2) + (2, 4, 4)}{3} = \left(\frac{8}{3}, \frac{14}{3}, \frac{8}{3}\right)$$

Aさんは第1希望の部屋3を月額 $\left(26666 + \frac{2}{3}\right)$ 円で、Bさんは第1希望の部屋1を月額 $\left(46666 + \frac{2}{3}\right)$ 円、Cさんは第1希望の部屋2を月額 $\left(26666 + \frac{2}{3}\right)$

円で使うことになります。

助手：分割単位が大きすぎるので、この例ではもめそうな気もします。

博士：あくまで計算方法の例として見てください。

助手：わかりました。1つ質問です。月額 $\left(26666+\dfrac{2}{3}\right)$ 円は半端な金額で払えないと思うのですが。

博士：大丈夫です。月額は半端ですが、年額にすれば1年は12ヵ月なので、半端は消えて年額32万円になります。

助手：もう1つ質問です。3色別々の柱を持つ三角形の部屋は奇数個ありましたよね。三角形の建物のへりから到達できるゴールの部屋は、へりにある2色の柱の間のドアの選び方で変わることがありました。どのゴールの部屋を採用するかでもめることはありませんか？

博士：いい質問です。でも第1希望がバラバラの賃料案が選べたことの方がもっと大切ではないかと思います。どのゴールの部屋かは3つの入り口次第なので、平等にくじで選んでみてはどうでしょうか？

助手：了解です。それならきっともめないと思います。この方法を相談者の方にお伝えしておきます。

博士：お願いします。

解 説

三角形建物の一般定理は公平分割問題を解決するため

の強力な道具の1つです。家賃分割問題の解決にも貢献しましたが、第12章のようかん公平分割問題でも活躍します。

三角形建物の一般定理と似た定理に8角形建物定理があります。

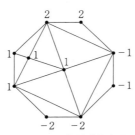

図6-7　8角形建物定理

8角形の建物が三角形の小部屋からできています。各柱に4種類の数字1、-1、2、-2の1つがそれぞれ付いています。建物外周は正反対の柱2個1組の1組以上からなります。建物外周の柱の数字は、外周上で（建物中心を通って）180度正反対の位置にある2つの柱の数字の合計が必ず0になっています。つまり絶対値が等しく符号は反対です。建物内部の柱の数字は自由に4種類から1つずつ与えます。そうするとこの建物には、両端の柱の数字の合計がちょうど0になるドア、つまり線分が必ず存在します。このドアをゴールのドアと呼ぶことにします。

第6章 家賃問題

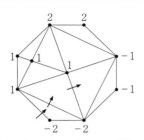

図6-8 ゴールのドアの探し方

　ゴールのドアの探し方は、三角形建物のゴールの部屋の探し方にそっくりで、次のようになります。まず建物の外周にある8つのドアの中にゴールのドアがあれば終了です。ない場合、両端の柱の数字の絶対値が違うドアが外周に存在します。そのようなドアの1つに注目します。注目ドアの両側の値を例えば1と−2とします。

　このドアを開けて3種類目の数字を持つ小部屋を求めて出発します。結果は以下の3通りです。

1）小部屋の3本目の柱が既出の1か−2ならまた新しい1と−2の柱の間のドアを開けます。
2）建物の外に出たら建物の外周にある別の両端1と−2のドアから再度建物内部へ向けて出発します。
3）3種類目の数字を持つ小部屋に到達したら終了です。

建物外周には注目した両端1と-2のドアが必ず奇数個存在します。したがって必ずゴールのドアに到達できることになります。

　8角形の建物定理は、64角形建物でも、1280角形建物でも、円形建物でも成立します。円形建物の場合、外周の円弧1つは小三角形の辺1つと考えます。

　これらの定理はタッカーの補題と呼ばれます。第7章赤道の気温定理でも活躍します。タッカーの補題は次のようになります。

　円形建物を三角形の小部屋に分割し、各柱に数字1、-1、2、-2の1つを与えます。ただし建物外周上には偶数個の点があり、正反対の柱2個1組の1組以上からなり、建物中心を通って180度正反対の位置にある2点の数字は、絶対値が同じで符号が正反対です。建物内部の点の数字は自由です。こうすると必ず両端の点の数字の和が0の線分があります。

第6章 家賃問題

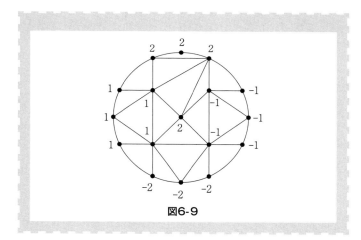

図6-9

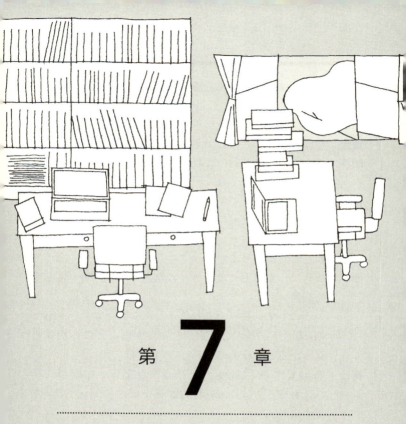

第 7 章

赤道の気温定理

ワトソンさんが朝刊を持ってやってきました。

助手：先生、今日は相談メールありません。
博士：そうですか。さびしいですね。
助手：でも、朝刊に外国の変わったニュースが2つ出ています。
博士：どんなニュースですか?
助手：1つは赤道の気温のニュースです。もう1つはウェディングケーキのカットのニュースです。
博士：順番にお願いします。
助手：最初は、赤道上のたくさんの地点の同一時刻の気温を長期間にわたって調べた人が、ある法則を発見したというのです。驚いたことに、どんな場合でも、赤道上の180度正反対の2地点で、気温が同じところが1組見つかるというのです。
博士：奇妙ですね。180度正反対の地点なら、片方が昼なら、もう一方は夜で、片方が朝なら、もう一方は夕方ですよね。
助手：どのようにして2地点を発見したのでしょうね。
博士：そうですね。もう1つのニュースは何ですか?
助手：もう1つは外国の新郎と新婦によるウェディングケーキのカットのニュースです。この国の伝統では結婚式の披露宴で、両家の代表が1名ずつ立ち会って、どちらの代表者から見てもケーキの価値が正確に50パーセントずつになるように、両家でケーキを分けるそうです。

130

第7章　赤道の気温定理

博士：ずいぶん大変な伝統ですね。どんなケーキですか？
助手：写真が出ていますが、大きな直方体のケーキで、クリームやチョコやナッツやフルーツが上にのっているようです。
博士：立派なケーキですね。
助手：記事によると、適切に選んだ2ヵ所をナイフで直線的に切って、できた3つのカットのうち、真ん中のカットを1つの家の人に、外側のカット2つを、もう1つの家の人に渡すと、どちらの家の人の基準から見てもケーキの価値がちょうど50パーセントずつに見えるようになるというのです。
　一体どうやって2ヵ所のカット位置を見つけたらいいのでしょうね？
博士：ケーキはいろいろな部分からできているので、家によって各部分に対する価値評価もちがうでしょうしね。不思議ですね。
　ウェディングケーキのカットの仕方は難しそうですが、赤道上の180度正反対の地点で、同時刻の気温が等しい場所は見つけられそうです。
助手：どうするのですか？
博士：こういう問題として解いてみましょう。

赤道上の正反対の場所で気温が同じ2地点
赤道上の180度正反対の2地点で、同一時刻に気温が同じところが1組存在することが知られている。この1組の場所を探す方法を作れ。

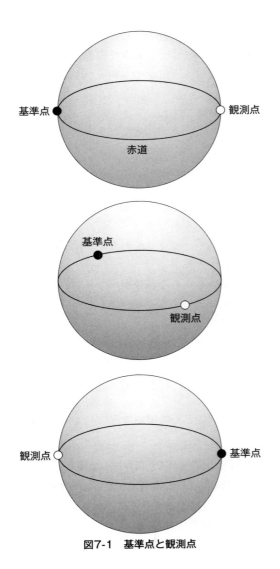

図7-1　基準点と観測点

第7章　赤道の気温定理

博士：小さい地球儀を頭に思い浮かべながら考えてみましょう。

助手：はい。

博士：まず左手を赤道上のどこでもよいですから1点にあててみます。左手の指す位置を基準点と呼びます。

助手：右手はどうしますか？

博士：右手は、左手が指している場所の赤道上180度正反対の位置を指します。右手の指している位置は観測点と呼びましょう。観測点は基準点から赤道上を正確に半周分いったところです。

助手：半周ですね。

博士：左手の基準点の気温と右手の観測点の気温を比べてみましょう。もし同じだったら、どうですか？

助手：もし同じだったら、見つかったことになります。これで探索は終わります。

博士：その通りです。もし、右手の観測点の気温が高かったらどうしますか？　例えば右手の観測点の気温が30度で、左手の基準点の気温が25度とします。

助手：わかりました。180度正反対の関係を保ちながら、左手の基準点と右手の観測点を時計まわりに赤道上を動かしていき、左手の基準点の気温と右手の観測点の気温を比べるのですね。

博士：その通りです。そして気温の同じ場所を見つければいいのです。

助手：いつまで左手と右手の移動を続けるのですか？

博士：いい質問です。右手が最初の左手の位置、左手が最初の右手の位置に到達するまでです。

助手：ちょうど半周分ですね。

博士：その通りです。さて半周移動した場所で、左手の基準点と右手の観測点の気温を比較してみましょう。

助手：開始した時、右手の観測点の気温は左手の基準点の気温より高かったですね。ちょうど半周移動したので、左手の基準点の位置と右手の観測点の位置は完全に入れ替わっています。

　だから、右手の観測点の位置の気温は、左手の基準点の位置の気温より低いはずです。つまり、今の右手の位置の気温は25度で、今の左手の位置の気温は30度です。

博士：その通りです。

助手：探し方はわかりました。でもこの探索の仕方で気温の同じ正反対の場所を必ず通過しますか？

博士：もちろんです。ある時刻の赤道上の気温は位置に対して連続的に変化していると考えられます。

助手：連続的ってどういうことですか？

博士：その時刻での、赤道上の位置に対する気温のグラフはちょうど1本のつながった糸を置いたようになるということです。

　このつながった糸の形が気温の連続的な変化です。気温は、切れた糸のように、突然不連続にジャンプして離れた値はとりません。

　例えば、正反対の位置の気温から自分の位置の気温を引いた値を考えてみます。

　開始時にゼロなら気温の同じ場所が1組見つかりました。開始時に正の値とします。すると半周分移動し

た終了時には負の値になります。連続に変化するので、必ず途中でゼロになる点を通過しています。

助手：確かにそうですね。

博士：開始時の値が負の場合も同様です。終了時に正の値になりますから、途中で必ずゼロの値を通過しています。

助手：1つ思い出しました。これは連続に変化する関数の中間値の定理ですね。開始時の値と終了時の値の中間の値はどれもすべて通過するという定理ですね。

博士：その通りです。今は赤道の円周のまわりを半周まわりましたが、実は地球表面上の半径1メートルの円でも、半径10cmの円でも、円ならなんでもよいことになります。

とにかく円を1つ描くと、その円周上には180度正反対の位置にある2ヵ所で、同一時刻の気温が等しい1組が必ずあるということになります。

助手：面白いですね。

解説

地球上の同一時刻の気温や気圧は位置の変化に対して連続的に変化すると考えられます。そうすると、地球の赤道の円周上には、どの時刻でも、180度正反対の2地点で気温が等しい2地点があります。さらに地球の球面

上には、どの時刻でも(地球中心点を通って)180度正反対の2地点で気温と気圧の値の組が等しい2地点があります。これらの定理をボルスク-ウラムの定理と呼びます。

地球表面上で次のような関数$f_1(x)$、$f_2(x)$を考えると、

$f_1(x)$＝地点xの180度正反対の地点の気温－地点xの気温
$f_2(x)$＝地点xの180度正反対の地点の気圧－地点xの気圧

どちらも、180度正反対の2地点同士で、値の絶対値が同一で、符号のみ正反対の奇関数になります。したがってボルスク-ウラムの定理は、地球表面上に$(f_1(a), f_2(a)) = (0,0)$ となる地点aの存在を主張しています。この地点aのことをゴールの地点と呼ぶことにします。

このようなゴールの地点を見つけるのに役立つのが8角形の建物定理です。例えば以下のような三角形の小部屋に分割した8角形建物の平面図(図7-2)を考えます。

まず図7-2を地球の北半球に、外周8地点が赤道上に、建物中心点が北極点にくるように貼り付けます。

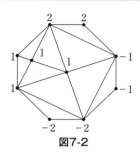

図7-2

次にこの図を建物中心点のまわりに180度回転すると、以下のような図7-3が得られます。

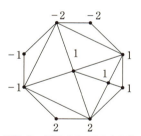

図7-3　図7-2を180度回転

次に図7-3の柱についている数字をすべて−1倍して以下の図7-4を得ます。この図を地球の南半球に、外周8地点が北半球赤道上の8地点と重なり、建物中心点が南極点にくるように貼り付けます。

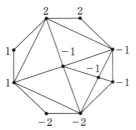
図7-4 図7-3の数字を−1倍

　こうすると、地球表面の赤道上に8地点、北半球に2地点、南半球に2地点が得られます。そして（地球中心点を通って）180度正反対の2地点の数字を比べると、絶対値は同じで、符号は正反対になっています。

　8角形建物定理から、この地球上にゴールのドアが存在します。つまり両端の柱の数字が絶対値同一で、符号が正反対の線分が必ず存在します。

　同様に、赤道上の地点数、北半球や南半球の地点数を増やして、小さい三角形の小部屋の数をどんどん増やしていくと、いくらでも線分の長さが短くて、両端の数字の絶対値が等しく、符号が正反対のゴールのドアが見つかります。これらの線分の長さの非常に短いゴールのドアの両端の点の列を考えると、この部分列は、ゴールの点に収束します。そしてゴールの点では気温と気圧の値の組が等しい180度正反対の2地点の1つになっています。

地球上の各地点につけた数字1、−1、2、−2の意味は次の通りです。（地球中心点を通る）180度正反対の地点の気温から地点の気温を引いた値を気温変化値、180度正反対の地点の気圧から地点の気圧を引いた値を気圧変化値と呼びます。ゴールの地点が既に地球上にあれば終了です。なければ、すべての地点に以下の数のどれか1つを与えることができます。この数は、絶対値の大きい変化値は気温と気圧のどちらなのか、そしてその値は正なのか負なのかを示します。

　数1　　|気温変化値|≧|気圧変化値|で、気温変化値＞0
　数−1　|気温変化値|≧|気圧変化値|で、気温変化値＜0
　数2　　|気温変化値|＜|気圧変化値|で、気圧変化値＞0
　数−2　|気温変化値|＜|気圧変化値|で、気圧変化値＜0

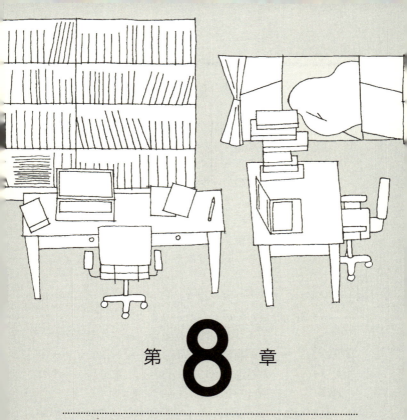

第 **8** 章

結婚式のケーキカット

ワトソンさんが質問します。

助手：先生、それでは2番目のニュースのウェディングケーキのカットはどうですか？ どの2ヵ所を切ったら、両家から見て、どちらからも正確に50パーセントずつの価値に見えるのですか？

博士：これは難しそうですね。上から見ると長方形のケーキなので、左端にナイフを置いて、少しずつ右へ動かすと、その人の価値基準でちょうど50パーセントと50パーセントになるカット位置が1ヵ所見つかります。

助手：そうですか？

博士：左端とナイフの位置をはさむ長方形部分のケーキの価値を毎回評価していくとわかります。

ナイフが左端にある時、はさんだ部分のケーキの価値は全体の0パーセントです。ナイフが右端にある時、はさんだ部分のケーキの価値は全体の100パーセントです。

助手：わかりました。左端とナイフの位置をはさむ長方形部分の価値が0パーセントから100パーセントまで連続的に変化するので、途中の50パーセントも必ず通過するということですね。

博士：そうです。

助手：価値50パーセントになる切り方は1通りしかないのですか？

博士：そんなことはありません。例えば1つのカットの左境界線と右境界線を同時に少しずらしても、ちょうど50

第8章　結婚式のケーキカット

パーセントの価値になる場所はあります。

助手：ただ、1人の人が価値50パーセントずつに見えるように切っても、もう1人の人からはそう見えないかもしれませんね。

博士：その通りです。1つこんなクイズを思い出しました。もしかすると、今の問題のヒントになるかもしれません。

　大きな長方形と小さな長方形を少し離して置きます。1本の長い直線でどちらの長方形の面積も2等分できるでしょうか、というクイズです。

図8-1　2つの長方形の面積を2等分する

助手：1本の長い直線で切るのですか？
博士：そうです。
助手：答えはこうでしょうか。大きい長方形の中心と小さい長方形の中心を結んだ直線を引けば、1本の直線で大きい長方形も小さい長方形も面積が$\frac{1}{2}$ずつに分けることができます。

143

博士：正解です。ハム・サンドイッチ定理の2次元版です。

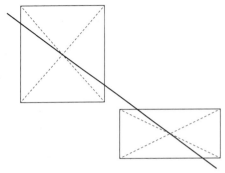

図8-2　2等分する直線の見つけ方

博士：まず大きい長方形の面積を2等分することを考えます。大きい長方形の面積は、対角線の交点、つまり長方形の中心を通る直線なら面積を2等分できます。

　大きい長方形の面積を2等分する直線は無限個あります。中心を通る直線をぐるりと回転させると、どれも面積を2等分できるからです。

　この無限個の直線の中に、小さい長方形の面積を2等分するものがあればよいことになります。

助手：はい。その無限個の直線の中に、小さい長方形の対角線の交点を通るものが1本あって、その直線は、大きい長方形の面積も小さい長方形の面積もどちらも2等分できるということですね。

博士：その通りです。それではウェディングケーキの分割の問題です。

　今の長方形の話と同様に、1番目の人にとってウェ

ディングケーキを50パーセントと50パーセントに分割する方法は無限個あります。

その中の1つが、2番目の人の価値基準でもウェディングケーキが50パーセントと50パーセントに分割されているように見えればよいことになります。

助手：すると、1番目の人のウェディングケーキを50パーセントと50パーセントに分割する案を無限個、相手に見せればよいのですか？

博士：その通りです。こんな方法でどうでしょうか。

まず2人の人の目の前に2本のナイフを用意します。1番ナイフは最初左端に固定します。そして2番ナイフを左端から右端へゆっくり移動します。左端と2番ナイフの間の部分のケーキが、自分の基準で価値$\frac{1}{2}$となったと思った人は「ストップ」と叫びます。

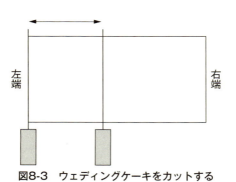

図8-3　ウェディングケーキをカットする

助手：「ストップ」と言った位置が、全体価値を$\frac{1}{2}$と$\frac{1}{2}$に分ける最初の場所ですね。

博士：その通りです。この位置を停止点と呼ぶことにしましょう。2人の中で「ストップ」と最初に叫んだ人を移動者、もう1人を判断者と呼ぶことにします。移動者はこの後、2本のナイフを移動する人です。

助手：2人が同時に「ストップ」と叫んだら、どうしますか？

博士：その場合は、それで終了です。その位置でケーキをカットして2人が1つずつもらえば、どちらも価値$\frac{1}{2}$ずつに感じています。

助手：わかりました。それでは、1人だけが「ストップ」と叫んだとします。すると、たくさんの価値$\frac{1}{2}$と$\frac{1}{2}$の分割案を今度は移動者が見せて、判断者が自分の基準で価値$\frac{1}{2}$と$\frac{1}{2}$の分割かどうかを判断するのですか？

博士：その通りです。移動者は左手に1番ナイフ、右手に2番ナイフを持ち、ナイフ間の部分の価値を全体価値の$\frac{1}{2}$に保ちながら、両ナイフをゆっくりゆっくりと右へ移動していきます。判断者はナイフ間の部分の価値が$\frac{1}{2}$となったら「ストップ」と叫びます。

助手：ナイフ間の部分の価値を$\frac{1}{2}$に保ちながら、どうやってナイフをゆっくり右へ移動するのですか？

第8章 結婚式のケーキカット

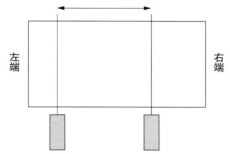

図8-4 2本のナイフの間の価値を保って移動する

博士：このようにします。まず左のナイフを少しだけ右へ移動します。するとナイフ間の部分の価値が全体価値の$\frac{1}{2}$より少しだけ小さくなります。そこで右のナイフを同じ価値の分だけ右へ移動します。これでナイフ間の部分の価値が全体価値の$\frac{1}{2}$に復元されます。これを繰り返します。価値が高いと少し、低いと多く移動します。

助手：なんだか、人間が水の上を沈まずにそっと歩く方法に似ていませんか？

博士：左足が沈まないようにそっと右足を出して、次に右足が沈まないようにそっと左足を出してという歩き方ですか？　いえいえ、それとは違います。

助手：失礼しました。それでは、もし判断者が一度も「ストップ」と言わないと、最後はどうなりますか？

博士：最初は左端に1番ナイフ、停止点に2番ナイフで、移動者から見て価値$\frac{1}{2}$です。最後は、最初の停止点に1

番ナイフが、右端に2番ナイフがきて、移動者から見て価値$\frac{1}{2}$となります。

助手：判断者には必ず「ストップ」と言える価値$\frac{1}{2}$と$\frac{1}{2}$の場所があるのですか？

博士：もちろんです。判断者は、停止点を見て「ストップ」と言わなかったのです。これは左端から停止点までは$\frac{1}{2}$未満の価値と判断しました。ということは停止点から右端までは$\frac{1}{2}$を超える価値と判断していることになります。

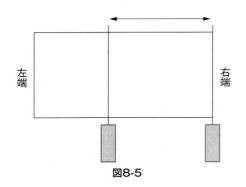

図8-5

博士：つまり判断者にとって1番ナイフと2番ナイフの間は、最初は価値$\frac{1}{2}$未満で、最終的には価値$\frac{1}{2}$を超えています。したがって途中で価値$\frac{1}{2}$になる位置が必ずあるのです。

したがって、判断者が「ストップ」と言った時点

で、どちらの人も、1番ナイフと2番ナイフの間を価値$\frac{1}{2}$と感じます。そして残りの部分、つまり左端と1番ナイフの間、2番ナイフと右端の間の合計も、どちらの人も価値$\frac{1}{2}$と感じます。

助手：すごいですね。1つ質問です。

　　　判断者が正直ならちょうど価値$\frac{1}{2}$で「ストップ」と言うと思います。もし正直でない場合は、少し価値$\frac{1}{2}$より多くなってから言うかもしれません。

博士：そうですね。そこで対策を立てましょう。判断者が「ストップ」と言った後、2本のナイフ間の内側をもらう人、外側をもらう人はくじで決めることにします。

助手：そうすれば判断者も正直に言わないと、損をする場合が起こりますね。

博士：以上をまとめると、2人の人がどちらも価値$\frac{1}{2}$ずつと感じる分割の仕方は次のようになります。

2本ナイフ移動法

1番ナイフは左端に固定し、2番ナイフは左端から右端へゆっくり移動させていきます。

1）左端と2番ナイフの間の部分のケーキが自分の基準で価値$\frac{1}{2}$と感じた人は「ストップ」と叫びます。この位置を停止点、この人を移動者、もう1人の人を判断者と呼びます。2人が同時に叫んだ

ら、その位置をカット位置として終了です。そうでなければ以下を行います。
2）移動者は左手に1番ナイフ、右手に2番ナイフを持ち、ナイフ間の部分の価値を全体価値の$\frac{1}{2}$に保ちながら、両方のナイフをゆっくり右へ移動します。判断者はナイフ間の部分の価値が$\frac{1}{2}$となったら「ストップ」と叫びます。
3）停止後ナイフ間の内側をもらう人、外側をもらう人をくじで決めます。

解説

判断基準がいろいろな2人の参加者が、どちらの人も50点と50点と感じるように、物を分ける分割法を、「正確な分割」と呼びます。このことを2人の参加者の判断基準の累積評価点グラフで考えてみます。

例えば参加者1と参加者2は次の表のような判断基準を持っているとします。参加者1は左端から全体の$\frac{1}{4}$の位置にかけて、0点から70点まで直線的に上がり、そこから右端にかけて、100点まで直線的に上がるとします。これに対し参加者2は左端の0点から右端の100点まで直線的に変化するものとします。

第8章 結婚式のケーキカット

評価点	位置0	位置$\frac{1}{4}$	位置$\frac{1}{2}$	位置$\frac{3}{4}$	位置1
参加者1	0	70	80	90	100
参加者2	0	25	50	75	100

　この両者で、正確な分割を行うには、左端から全体の$\frac{1}{8}$の位置で1回カットし、$\frac{5}{8}$の位置でもう1回カットします。

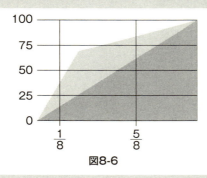

図8-6

　こうすると参加者1の位置$\frac{1}{8}$から位置$\frac{5}{8}$までの内側部分の評価点は、位置$\frac{1}{8}$の値が35点で、位置$\frac{5}{8}$の値が85点で、85−35＝50点となります。外側部分、つまり左端から位置$\frac{1}{8}$までの評価点は35点、位置$\frac{5}{8}$から右端までの評価点は15点で、合計50点になります。

　参加者2の位置$\frac{1}{8}$から位置$\frac{5}{8}$までの内側部分の評価点

は、位置 $\frac{1}{8}$ の値が $\frac{25}{2}$ 点で、位置 $\frac{5}{8}$ の値が $\frac{125}{2}$ 点なので、$\frac{125}{2} - \frac{25}{2} = 50$ 点となります。外側部分、つまり左端から位置 $\frac{1}{8}$ までの評価点は $\frac{25}{2}$ 点、位置 $\frac{5}{8}$ から右端までの評価点は $\frac{75}{2}$ 点なので、合計50点になります。

　このことは0点から100点へ右上がりで増加する2種類の折れ線グラフや連続曲線のグラフについても、適切な2つのカット位置を選べば、内側部分を50点、外側部分2ヵ所の和を50点にできるということを意味します。

第 9 章

料理問題

ワトソンさんがメールのコピーを持ってやってきました。

助手：先生、ひさしぶりに相談メールが来ました。
博士：どんな相談ですか？
助手：全員で嫌いな食べ物をどう分けて食べたらよいでしょうか？　という相談です。
博士：嫌いな食べ物ですか？
助手：相談者の3人が、先日レストランに行って大皿のおまかせ料理を頼んだところ、全員嫌いなレバー、セロリ、トマト、ブロッコリーの料理が出てきたそうです。
博士：運が悪かったですね。
助手：はい。3人は有名なシェフのレストランなので失礼のないよう、なんとか手分けして、全部食べようと、その場で約束したそうです。しかし名案が浮かばなかったので、適当に3つの皿に分割して、じゃんけんで勝った人から選んで、我慢して食べたそうです。
博士：立派でした。それで相談は何ですか？
助手：こういう場合に、無理矢理なじゃんけんを使わずに、嫌いなものを3人で分けるよい方法はないでしょうか、という相談です。
博士：つまり3人が納得して嫌いなものを分ける方法ですね。待ってください。

おそらく3人はどの食材も嫌いでしょうが、各食材に対する嫌いの程度は、やや嫌い、嫌い、とても嫌い

第9章　料理問題

など、さまざまなはずです。

そこで嫌いの程度とその分量をかけ合わせたものの合計を「迷惑値」と呼ぶことにしたらどうでしょう。

助手：迷惑値ですか。すごい言葉ですね。その値が3人とも全体の迷惑値の$\frac{1}{3}$になればよいのですか？

博士：その通りです。とても嫌いなものは少しの量でも迷惑値が大きく、やや嫌いなものは量が多くなると迷惑値が大きくなるものです。

そこで大皿料理全体の迷惑値を100点として、各自に評価してもらい、なんとか各自の基準で全体の迷惑値の$\frac{1}{3}$程度は食べるようにしましょう。

助手：みなが大皿料理のごく一部分を選んで、これが私の全体迷惑値の$\frac{1}{3}$相当だと言ってしまうと、余りが出てしまうかもしれませんね。

好きなものを選びたい時は、参加者は普通なるべくたくさん取りたいと思いますが、嫌いなものを分ける時は、量が少ないほど、うれしいことになります。つまり、何ももらわないのが一番よいことになります。

博士：そうですね。好ましいものの価値は大きい方がうれしいですが、嫌いなものの迷惑値は小さい方がうれしいです。

助手：今まで出てきたものを分ける方法は使えますか？

博士：今までの方法ですか？　今まで使った方法は好きなものの分割法でしたから、おそらく今まで使った方法そのままではだめな気がします。誰もが自分の分の迷惑値が最大と感じるような方法は作れるかもしれませんが。

助手：そんな方法では困ります。迷惑値ですから、全体の$\frac{1}{3}$以下と全員感じる方法とか、自分の分の迷惑値が一番小さいと全員感じる方法でなければなりません。

博士：その通りです。

助手：先生、こういう案はどうでしょうか？

博士：どういう案ですか？

助手：部分的な提案を言ってもらうと、みな小さめに言う可能性があります。そこでみなには、全体提案、つまり全体をどう3つに分けるかを提案してもらうのです。

博士：全体をどう分けるかですか。名案ですね。一部分の提案だと小さめに言うことが可能ですが、全体を分ける提案だと、どこかを小さめに言うと、どこかは大きめに言わなければならないことになりますね。

　　　参加者は、全体提案をする時に、他の人の案を知ら

第9章　料理問題

　　　ないという条件の下で申告してもらい、自分の案のどの部分をもらってもよい、と約束してもらいます。
助手：大げさですね。
博士：どれでもよい、と約束してもらえば、この問題は解決できそうです。例えばこんな例で考えてみましょう。料理全体が長方形の大きなお皿の上にのっているとします。

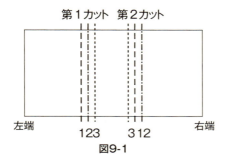

図9-1

博士：参加者3人に、料理の迷惑値が$\frac{1}{3}$ずつになると思われる第1カット位置と第2カット位置を提案してもらいます。参加者3人をそれぞれ1番の人、2番の人、3番の人と呼びます。3人の提案が完全一致の場合は、その分割案で終了です。3人の提案が完全一致ではない場合について考えましょう。

　　　3人は3つの区間について、左端と自分の第1カット位置の間の区間、自分の第1カット位置と第2カット位置の間の区間、自分の第2カット位置と右端の間の区間をどれも、迷惑値が同じと保証しています。

157

助手：それで、左端と第1カット位置の間の区間は誰がもらえばよいでしょうか？

博士：左端から最も遠いところを第1カット位置と言っている人の案を採用しましょう。

助手：どうしてですか？

博士：他の人にとってありがたいからです。料理が少しでもたくさん減ってくれれば、みなうれしいはずです。

助手：了解しました。

博士：それでは第1カット位置は3番の人の案を採用し、左端と3番の人の第1カット位置の間の区間を3番の人に与えることにしましょう。

助手：それでは第2カット位置は誰の案を採用すればよいでしょうか？

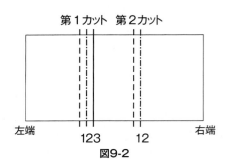

図9-2

博士：同じことを繰り返しましょう。配分が決まった3番の人の提案位置はまず消します。そして左端から最も遠いところの第2カット位置を言っている人の案を採用します。

この場合は2番の人の提案が一番左端から遠い第2カットの位置です。

助手：ちょっと待ってください。2番の人の提案した第1カット位置の右側に3番の人の提案した第1カット位置がありましたね。ということは2番の人がもらう区間は、2番の人の本来提案した第1カット位置と第2カット位置の間の区間よりせまい区間をもらうことになります。

博士：迷惑値が減る分には当人に問題はないと思います。

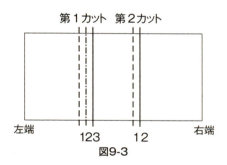
図9-3

助手：わかりました。

博士：残った区間ですが、第2カット位置と右端の間の区間は1番の人がもらうことになります。この人も同じく自分の提案した本来の区間よりもせまい区間をもらうことになりますが、迷惑値が減る分には当人には問題ないでしょう。

助手：ということは、一番左位置の部分をもらった人だけ自分の本来の提案部分をそっくりもらうことになります

が、それ以外の区間をもらう人は、自分の提案した区間より減った区間をもらうことになりますね。少し不公平な気がします。

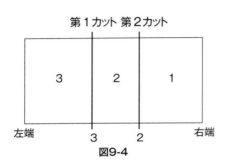

図9-4

博士：その通りです。

　全体提案法の不公平感は、2人の場合だともっとはっきりします。2人の場合、どの位置で分割したらよいか1つのカット位置を提案します。

　もし2人のカット位置が等しい場合は何も問題はありません。もし違うとすると、例えば1番の人のカット位置は左端に近く、2番の人のカット位置は右端に近いとします。私たちの決めたやり方に従うと、右端に近い2番の人のカット位置を採用することになります。

第9章 料理問題

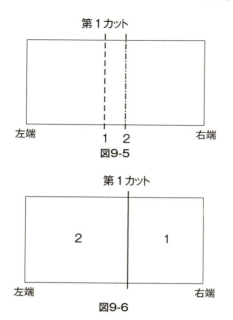

図9-5

図9-6

博士：2番の人は自分の提案の区間そのもので、1番の人は自分の提案した区間よりせまい区間をもらうことになります。

助手：やはり少し不公平な気がします。もし2番の人が不正直な人だったらどうなりますか？

博士：例えば本当に心で思っているカット位置より少しだけずらして、左端から一番遠いカット線に選ばれないように申告するのですか？

助手：はい。例えばそうです。

博士：1番の人はそうとは知らずに自分のカット位置を申告

するのですね。そうすると1番の人は、左端に近い側をもらうことになり、2番の人は右端に近い側をもらうかもしれません。
助手：不正直にした2番の人は必ず得をするでしょうか？
博士：左側部分をもらう立場である限りは得しますが、右側部分をもらう立場になると損する場合があります。
助手：わかりました。
博士：全体提案法は必ずしも名案でなさそうです。
助手：先生、嫌いなものを分ける別の方法を次回考えてください。
博士：了解です。

第 10 章

人数増加法

ワトソンさんが料理問題についての先日の約束を質問します。

助手：全体提案法以外に、何か別の方法はないでしょうか。

博士：あれから考えてみました。人数を増加させる方法はどうでしょうか？

助手：料理を最初は2人で分けて、次に1人増やして3人で分けるといった方法ですか？

博士：その通りです。まず2人で嫌いな料理を分けます。2人なら、2人版同点1位法の切る人・選ぶ人法がそのまま使えますね。そこへ3人目がやってきます。最初の2人は、自分の基準で嫌いな料理を3等分します。そして3人目の人は2人から1つ分を分けてもらうことにします。

助手：方針はわかりました。手順はどうなりますか？

博士：まずこの方法を「人数増加法」と呼びましょう。嫌いなものを3人で分割する手順はこんな感じです。

　まず料理を1番目の人と2番目の人で、自分の分が全体の迷惑値の$\frac{1}{2}$以下と感じるように分けます。

　そのためには、レストランの人に新しい中皿を、2枚持ってきてもらいます。そして1番目の人が、大皿料理全体を自分の基準で迷惑値がちょうど$\frac{1}{2}$ずつとなるように、2枚の中皿に分けます。**Ⓐ**

　次に2番目の人は2つの中皿の料理の中で、自分の基準でよいと思う方を選びま

第10章 人数増加法

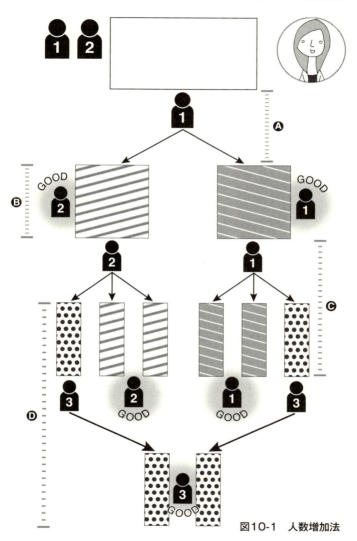

図10-1 人数増加法

す。ここでよいという意味は嫌いなものの場合なので、迷惑値が小さい方になります。そして1番目の人は残りを取ります。**❸**

これで2人は自分の基準で迷惑値が、全体の$\frac{1}{2}$以下と感じる料理を受け取ることができました。

助手：そこへ3番目の人が来るのですか。

博士：はい。分けた2人はそれぞれ、迷惑値$\frac{1}{2}$のうち、自分がその$\frac{2}{3}$をもらい、新しい人にその$\frac{1}{3}$を譲ればよいことになります。

助手：$\frac{1}{3}$譲るのですね。

博士：3番目の人への分割手順です。レストランの人に新しい小皿を6枚持ってきてもらい、1番目と2番目の人に3枚ずつ渡します。

1番目と2番目の人は、それぞれ自分の中皿上の料理を迷惑値が自分の基準でちょうど$\frac{1}{3}$ずつとなるように、3枚の小皿に分けます。**❸**

3番目の人は、1番目、2番目それぞれの人から、一番よいと思う小皿の料理を1つずつもらいます。つまり自分の基準で迷惑値が一番小さいと思う小皿の料理を選びます。**❸**

1番目と2番目の人は、残った2つの小皿の料理を、自分の分とします。1番目と2番目の人は、自分の基準で全体の迷惑値$\frac{1}{2}$あるいは$\frac{1}{2}$以下と感じる中皿

の料理をもらっています。さらに迷惑値を等しい3つに分けて、その2つをもらっているので、$\frac{1}{2} \times \frac{2}{3} = \frac{1}{3}$以下の迷惑値になっています。

3番目の人は、1番目の人の分から自分の基準で$\frac{1}{3}$以下、2番目の人の分から自分の基準で$\frac{1}{3}$以下なので、合わせて全体の迷惑値の$\frac{1}{3}$以下もらったことになります。

これで3人は全員自分の基準で、迷惑値が全体の$\frac{1}{3}$以下と感じる分の料理を受け取ることができました。

助手：なるほど、そういうことですか。
博士：切る人・選ぶ人法も人数増加法も、好きなものの分割にも嫌いなものの分割にも使えるということです。
助手：料理問題ですが、もし、新しく4番目の人が来たらどうしたらよいですか？
博士：同じことを続ければよいのです。つまり1番、2番、3番の人は新しくそれぞれ4枚のお皿をもらい、自分の分を自分の基準で迷惑値が4等分になるようにします。そして4番目の人に4つのうちの一番よいと思う料理を1皿ずつ選んでもらい、自分たちは残りをもらいます。
助手：新しく5番目の人がきても同じですか？
博士：同じことを続ければよいです。つまり1番、2番、3番、4番の人は新しくそれぞれ5枚のお皿をもらい、

自分の分を自分の基準で迷惑値が5等分になるように
します。そして5番目の人に5つのうちの一番よいと
思う料理を1皿ずつ選んでもらい、自分たちは残りを
もらいます。

助手：わかりました。完成ですね。

博士：何人でも同じことを続けることができます。

助手：これだったらスッキリ公平に分けられますね。それで
は、メールで相談者の方に、お伝えしておきます。

博士：お願いします。

解説

ものを分ける際に想定する操作の回数は、普通なるべ
く小さい回数です。しかし大きい回数も許されると、分
割の自由度が発生します。例えばデカンタに入っている
ワインを均等に5つのワイングラスに分けたいとしま
す。計量用に使えるのは、目盛りのない同一の透明グラ
ス8つのみとします。さらにワインを分けるのに使える
基本操作は、2つの計量用の透明グラスを並べてワイン
を注ぎ、多い方のワインを少ない方に移しながら、両者
の高さを完全に等しくして、量を $\frac{1}{2}$ ずつにする操作のみ
とします（$\frac{1}{2}$ にする操作は一番信頼性の高い基本操作で

第10章　人数増加法

す)。はたしてこの$\frac{1}{2}$にする操作のみでデカンタのワインを5等分できるでしょうか？

次のようにすればこの問題をほぼ解決することができます。

0) 最初、5個のワイングラス、8個の透明グラスは空です。
1) デカンタ内のワインが十分少なくなるまで以下のa)、b)を繰り返します。
a) デカンタのワインすべてを2個の透明グラスを使って$\frac{1}{2}$ずつにします。2個の透明グラスの$\frac{1}{2}$ずつのワインを、追加の2個の透明グラスを使って、$\frac{1}{4}$ずつにします。4個の透明グラスの$\frac{1}{4}$ずつのワインを、追加の4個の透明グラスを使って、$\frac{1}{8}$ずつにします。
b) 8個の透明グラスのうち、5個の透明グラスのワインを5人が各自のワイングラスに注ぎます（ここで希望者は自分のワイングラスの分を飲むことが許されます）。残り3個の透明グラスのワインはすべてデカンタにもどします。8個の透明グラスはすべて空となります。

1人が獲得するワインの割合は繰り返しの1回目が $\frac{1}{8}$、2回目が $\frac{3}{8} \times \frac{1}{8}$、3回目が $\frac{3}{8} \times \frac{3}{8} \times \frac{1}{8}$、…となり、獲得分の合計は4回目までで0.196、5回目までで0.1985、6回目までで0.199となります。均等分割 $\frac{1}{5}$ の目標の値0.20にかなり近い値となります。

　この方法は毎回8個に分けてそのうちの5個を5人に分配するというやり方で $\frac{1}{5}$ を実現しました。k を2以上7以下の整数として、毎回8個に分けてそのうちの k 個を k 人に分配するというやり方で $\frac{1}{k}$ も実現できます。

　一般に k を2以上の整数として、ワインの $\frac{1}{k}$ を k 人に分配する方法は次のようになります。

第10章　人数増加法

0) $k \leq 2^m$ となる最小の整数 m を求めます。最初、k個のワイングラス、2^m個の透明グラスは空です。
1) デカンタ内のワインが十分少なくなるまで、以下のa)、b)を繰り返します。
a) デカンタのワインの2等分を1回行って、2個の透明グラスに $\frac{1}{2}$ ずつにします。2個の透明グラスの $\frac{1}{2}$ ずつのワインを、追加2個の透明グラスを使って、$\frac{1}{4}$ ずつにします。…2^{m-1}個の透明グラスの $\frac{1}{2^{m-1}}$ ずつのワインを、追加 2^{m-1} 個の透明グラスを使って、$\frac{1}{2^m}$ ずつにします。
b) 2^m個の透明グラスのうち、k個の透明グラスのワインを k 人が各自のワイングラスに注ぎます。$k=2^m$ならこれで終了です。残り (2^m-k) 個の透明グラスのワインをすべてデカンタにもどします。2^m個の透明グラスはすべて空となります。

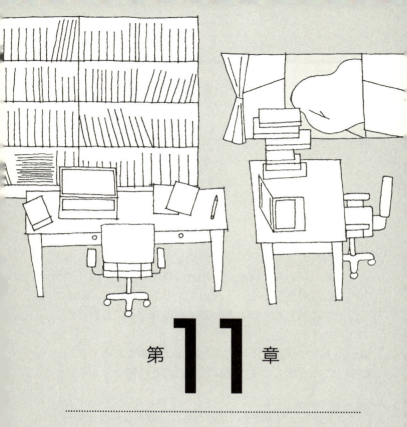

第11章

絶対的優位法

ワトソンさんが、ようかん問題のメールを持ってきました。

助手：先生。先日ようかんを3人で分ける方法について質問された方からメールが届きました。無事3人で分けることができたそうです。

博士：それは何よりです。

助手：この方はようかんを4人以上で分ける方法についても興味を持つようになり、たまたま新聞のウェブサイトで関連する科学記事を発見したそうです。ところが無料で読めるのは記事の先頭の概要部分で、残りの部分は有料会員でないと読めなかったそうです。そこで先生に概要からなんとか方法を再現してほしいとのことです。

博士：そうですか。その記事の概要はどんなものですか？

助手：こんな感じです。私にはほとんど理解できませんが。

4人以上何人でも、余りなしに、誰も自分の分が一番よいと感じるように分けることができる。方針は毎回同点1位法を使うことと、参加者ペア間のクレームを順次解決していき、全クレームを解決することである。

4人の場合で説明する。4等分した4つの固まりを見て、1番の人は2つの固まりは大きさが違うとクレームを言い、2番の人は同じと思った場合、この2番

の人に対する1番の人のクレームを以下の4つの作業で解決する。

第1作業 1番の人が「大」と「小」と言った固まり2個を、2番の人がそれぞれr個の破片に等分する。破片数rは10以上で、「大」から最小サイズの7個の破片を取り除いても、まだ「小」より大きいと1番の人が感じる個数にする。破片数rは十分大きければ自動的にこの条件を満たす。

第2作業 1番の人から見て、小さい破片3個と、それより大きい破片3個を作る。小さい破片3個は「小」の最小サイズの3個でよい。大きい破片3個は「大」の最大サイズの1個を3等分したものか、小さい破片3個より大きい「大」の最大3個を第3位のサイズにそろえたものである。

第3作業 上記6個の破片から、同点1位法で4人が好きなものを選び、1番の人に大きい破片1個、2番の人に小さい破片1個がいく。

第4作業 1番の人から見て、上記の大きい破片1個と小さい破片1個のサイズ差より、未配付部分全体が小さくなるまで、同点1位法を繰り返す。これで1番の人が2番の人に対して絶対的優位の立場となり、1

> つのペア間のクレームの解決となる。

助手：先生、方法は再現できそうですか？
博士：難解な説明ですね。前半の第1作業と第2作業の説明はよくわかりません。後半の第3作業と第4作業は大体わかりました。全体の流れはこんな感じです。

　ようかんを1人の人が同じ大きさの固まり4個に分けます。これを見て大きさが違うという人が出たとします。クレームをいう人を異議者、等分に分けた人を同意者と呼びます。この異議者から同意者へのクレームを解決しようという方針のようです。

　作業1と作業2で、大きい固まり、小さい固まりと言われた2個をたくさんの破片に分解するようです。作業3を経て、大きい破片1個と小さい破片1個ができます。異議者が大きい破片1個、同意者が小さい破片1個を得て、同点1位法を使って、未配付分全体を小さくして、クレームを解消します。

助手：雰囲気はわかってきました。
博士：方法を検討する前に、まず同点1位法の2つの性質をもう一度整理してみましょう。

　1つ目の性質です。同点1位法を繰り返して行うと、何回繰り返しても、毎回自分の得た分は一番だと全員思っています。累積合計分もそうです。全員自分の分が一番だと思っているはずです。これはとても重要な性質です。

第11章 絶対的優位法

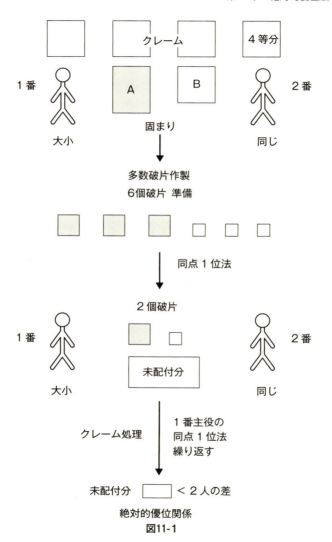

図11-1

> 毎回同点1位法を使えば、毎回各自は自分の分が一番よいと感じる。

博士：そして2つ目の性質です。同点1位法で最初に切る人を主役と呼ぶことにすると、1人の人を主役にして同点1位法を何回か繰り返していくと、余り、つまり未配付分全体の大きさは確実に小さくなります。4人版同点1位法の議論を思い出してください。

> 4人で、1番の人を主役とする同点1位法を1回行えば、1番の人は自分の基準で最初に5等分して、最後に1つをもらうので、未配付分の大きさを1番の人基準で全体の $\frac{4}{5}$ 未満にすることができる。
> 未配付分に対してさらに1番の人を主役とする同点1位法を1回行えば、未配付分を全体の $\frac{16}{25}$ 未満にすることができる。
> さらに未配付部分に対して1番の人を主役とする同点1位法を1回行えば、未配付分を全体の $\frac{64}{125}$ 未満にすることができる。
> …

助手：ここで$\frac{4}{5}$は1より小さいので、$\frac{4}{5}$を何乗かすると0.1より小さくすることも、0.01より小さくすることもできる、ということですね。

博士：その通りです。例えば大きい破片1個と小さい破片1個があって、1番の人が感じるサイズ差が全体割合の0.1とします。異議者が大きい破片をもらい、同意者が小さい破片をもらうので、異議者は同意者に対して全体割合0.1の優位に立っています。

　異議者を主役とする同点1位法を何回か行えば、未配付分を全体割合0.1より小さくできます。つまり未配付分は今後4人で分けるものですが、仮に全部同意者にあげても、異議者の優位はびくともしません。異議者の同意者に対するクレームはこれで解決しました。今後の配分で異議者から同意者に対するいかなるクレームも無視してよいことになります。

助手：そういう意味だったのですね。

博士：以上で第4作業は判明しました。

助手：第3作業はいかがですか？

博士：6個の破片から、大きな破片1個が異議者に、小さな破片1個が同意者にいくように同点1位法をしなければなりません。6は3+3なので、3人版同点1位法を2組使っているのだと思います。

助手：どういうことですか？

博士：こういうことです。1番、2番、3番、4番の4人で説明します。

　1番の人には、同サイズの大きいものが3つ、それらより小さいものが3つ並んで見えています。前者を

大きい3個グループ、後者を小さい3個グループと呼びましょう。2番の人には、小さい3個グループは、同じサイズの3個に見えています。

そこで、まず3番の人が6個の破片を見て、最大1個削って同点1位を2つ作ります。次に4番の人が一番よい1個を選びます。そして3番の人が一番よい1個を選びます。ただし3番の人は自分の削ったものがあれば必ずそれを取ります。

最後に1番の人は、大きい3個グループの中から1個、2番の人は、小さい3個グループから1個選びます。

助手：どうなりますか？ みな一番好きなものを選んだのですよね？

博士：各自一番よい1個を選びました。そして1番の人から見て、1番は大きな破片1個、2番は小さい破片1個

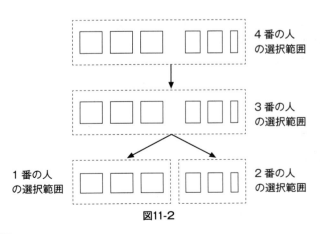

図11-2

を得ました。

助手：作業3の意味も大体わかりました。それでは作業1と作業2はどうですか？

博士：考えてみましょう。1番から見て大きい固まりをA、小さい固まりをBと呼ぶことにします。それぞれを2番の人の基準でr等分して破片を作ります。まずこのrの選び方の意味です。

rは10以上の整数で、Aをr分割して最小7個を取り去っても、まだAの方がBより大きいと異議者は感じなければなりません。どんなr分割でも最小7個分の大きさの合計は（Aの大きさ）$\times \frac{7}{r}$以下です。つまり以下の関係を満たす10以上のrです。

$$\frac{7}{r} < \frac{(\text{Aの大きさ}) - (\text{Bの大きさ})}{(\text{Aの大きさ})}$$

助手：もし1番の人から見てAとBの大きさの比が10：9に見えたら何分割すればよいのですか？

博士：AとBの大きさの比が10：9なら以下の式から$r = 100$で大丈夫です。もちろんそれより大きくても大丈夫です。

$$\frac{7}{100} < \frac{10 - 9}{10}$$

AとBの大きさの比が100：99なら$r = 1000$で、AとBの大きさの比が1000：999なら$r = 10000$で大丈夫です。このrは十分大きければ自動的に制限を満たしますね。

助手：rの選び方は少しわかりました。AとBを2番の人がr個の破片にしてからどうなりますか？

博士：1番の人の作業になりますね。小さい破片3個は「小」の最小サイズの3個でよいとありますからこれはその通りです。しかし次のところです。

　大きい破片3個は「大」の最大サイズの1個を3等分したもので「小」の最小サイズ3個より大きい、
　または、
「小」の最小サイズ3個より大きい「大」の最大3個を第3位のサイズにそろえたもの。

　これらはいつも本当に「小」の最小サイズの3個より大きくできるのでしょうか？

助手：もしできないとするとどうなりますか？

博士：その方針で考えてみましょう。もしできないとすると以下のようになります。

　r分割して最小の7個を取り去っても、まだAの方がBより大きいのに、上記の3つが選べないと仮定します。まずrは10以上です。

　$r \geq 10$　　　　条件1

　BとAをr分割して破片の大きさを、大きい順に1番からr番まで番号を付けます。

　$B_1 \geq B_2 \geq \cdots \geq B_{r-2} \geq B_{r-1} \geq B_r$
　$A_1 \geq A_2 \geq A_3 \geq \cdots \geq A_r$

Aは最小の7個を除いてもまだBより大きいです。

$A_1 + \cdots + A_{r-7} > B_1 + \cdots + B_r$ 　　　条件2

Aの最大1位の3等分はBの最小3位、2位、1位より大きくない　　　条件3

Bの最小3位、2位、1位より大きいAの最大1位、2位、3位は選べない　　　条件4

助手：質問していいですか？ そもそもなぜrは10以上なのですか？

博士：これは7個除いても、Aの最大1位、2位、3位が実在しないとならないからです。つまり$r-7 \geq 3$ということです。

助手：条件3はどういうことですか？

博士：Aの最大1位はBの最小1位の3個分以下ということになります。

つまりAのどの破片1個もBの最小1位の3個分以下、すなわちAのどの破片1個もBの異なる3個の破片の合計以下になります。

これから、例えば次の結果1が出てきます。

$A_1 \leq B_1 + B_2 + B_3$ 　　　結果1
$A_2 \leq B_4 + B_5 + B_6$ 　　　結果1

助手：わかりました。条件4はどういうことですか？

博士：Aの最大3位であるA_3はBの最小3位であるB_{r-2}以下ということになります。Bの最小4位はBの最小3位以上、つまり$B_{r-3} \geq B_{r-2}$なので、

$A_3 \leq B_{r-3}$

となります。Aは番号が増えるとサイズが以下に、Bは番号が減るとサイズが以上になりますので、以下の結果2が成立します。

$A_3 \leq B_{r-3}$、$A_4 \leq B_{r-4}$、$\cdots$ $A_{r-7} \leq B_7$ 結果2

助手：結果1と結果2を合わせるとどうなりますか？

博士：以下の式が得られます。これは条件2の否定の式となり、矛盾です。

$$A_1 + A_2 + A_3 + \cdots + A_{r-7} \leq B_1 + \cdots + B_6 + B_7 + \cdots + B_{r-3}$$
$$\leq B_1 + \cdots + B_r$$

つまり条件1と条件2があれば、必ず「小」の最小サイズの3個より大きくサイズが同じ3つが選べることになります。

助手：少しわかってきました。方法の全体の流れはどうなりますか？

博士：全体の流れはこうだと思います。

1人の人が自分の基準で4等分する。
小さいものと大きいものがあるというクレームがなければ終了。
1個以上クレームがあれば、クレームを1つ選び、その異議者から等分した人への絶対的優位関係を作る。
これで以後この異議者から等分した人へのクレームは

第11章　絶対的優位法

> すべて無視できる。
> 未配付分を誰かが（1人以上4人以下で容易に分けられるように）12等分する。
> 小さいものと大きいものがあるというクレームがなければ3つずつ得て終了。クレームがあってもすべて処理済みで無視できる場合、クレームを言わない人のみで同じ個数ずつ得て終了。
> 新しい未処理のクレームの場合は、その異議者から配った人への絶対的優位関係を作る。
> 未配付分を誰かが12等分する。
> …（以下同様に続ける）

助手：最後の12分割ですが、同意者だけで分割して本当によいのですか？

博士：はい。各自の立場で考えてみます。

　　　　同意者はどれも同じだと思っているので、自分が一番よいものをもらったと感じています。同意者どうしは同じ大きさをもらったと感じています。同意者から見ると異議者は最後の分配をもらえなくてかわいそうと思います。

助手：異議者はどうですか？

博士：異議者と同意者の組がすべてクレーム処理済みなら、異議者はもらわなくても自分の分が一番よいと思っています。同意者が何かをもらってもびくともしません。

　　　　これでみな自分が一番よいと感じて、余りなく終了

しました。

助手：12分割の分け方ですが、同意者が1人なら12個もらい、2人なら6個ずつもらい、3人なら4個ずつもらい、4人なら3個ずつもらうのですね。

博士：その通りです。これでほぼ方法の全体の流れが完成しましたね。この方法は絶対的優位法と呼びましょう。

助手：方法の詳細はどうなりますか。

博士：それでは4人を1番、2番、3番、4番の人と呼びます。最初、絶対的優位表は何も書いてありません。異議者と同意者とが出たら、クレーム処理して、絶対的優位関係を作って、処理済みのペア（異議者、同意者）を表に追加していきます。

手順1

まず2番の人の基準でようかんの大きさを4等分します。全員がこの4分割が4等分であると同意すれば終了します。これでみな自分の分は最大1位と感じることができます。

もしも大きいものと小さいものがあると異議を申し立てた人がいたら、最も番号の若い人を異議者に選びます。2番の人を同意者と呼びます。例えば1番の人が異議者とします。残りの2つのカットはくっつけて1つの余りとします。

第11章 絶対的優位法

手順2
1番の人が十分大きい整数rを決めます。2番の人は自分の基準でBをr等分し、Aをr等分します。2番の人から見るとこれらの破片はすべてAの破片もBの破片も同じ大きさです。ここでrは以下の関係を満たす10以上の整数です。

$$\frac{7}{r} < \frac{(\text{Aの大きさ}) - (\text{Bの大きさ})}{(\text{Aの大きさ})}$$

手順3
1番の人は、2番によるBのr等分の中で、一番小さい3つZ_1、Z_2、Z_3を選びます。これらは最小1位、2位、3位の3つです。さらに1番の人は、Aのr等分からサイズの等しいY_1、Y_2、Y_3を作ります。これらは1番の人の基準で大きさZ_1、Z_2、Z_3より大きくなります。これらはAの最大1位の3等分か、最大3個を第3位のサイズにそろえたものです。

手順4
これから2組の3人版同点1位法を行います。3番の人はZ_1、Z_2、Z_3、Y_1、Y_2、Y_3の6個を見比べて、最大1個削って同点1位を2つ作ります。

手順5
Z_1、Z_2、Z_3、Y_1、Y_2、Y_3の6個から4番、3番、2番、1番の順に最良の1個を選択します。ただし、3番の人は自分が削ったものがあれば必ずそれを取ります。2番の人はZ_1、Z_2、Z_3の範囲から選びます。1番の人はY_1、Y_2、Y_3の範囲から選びます。

手順6

1番、2番、3番、4番の得た分、残りをそれぞれ X_1、X_2、X_3、X_4、L_1 と呼びます。全員自分の得たものが一番よいと感じています。2番の人は X_1 と X_2 の大きさは等しいと感じています。1番の人は X_1 は X_2 より大きいと感じています。1番の人の感じる X_1 と X_2 の大きさの差を d とします。

手順7

適切な整数 s を選んで、毎回1番の人から開始する4人版同点1位法を s 回行い、残りの大きさを d 未満にします。

1番の人から開始する4人版同点1位法は次のようになります。1番の人が等しい大きさに5分割します。2番の人が最大2個削って同点1位を3つ作ります。3番の人が最大1個削って同点1位を2つ作ります。4番、3番、2番、1番の順番に最良の1つを選択します。ただし自分の削ったものがあれば必ずそれを選択します。

s 回終了後、1番、2番、3番、4番の人のこれまで得た分、残りをそれぞれ X_1'、X_2'、X_3'、X_4'、L_2 と呼ぶことにします。

全員、自分の得た分が一番よいと感じています。1番の人は、余り L_2 が十分小さいので、仮に2番の人の得た分 X_2' と余り全体 L_2 を合わせても、自分の X_1' の方が大きいと感じています。これで1番の人の2番の人に対する絶対的優位関係ができました。絶対的優位表に異議者と同意者の番号の組 (1, 2) を登録します。

第11章　絶対的優位法

手順8

2番の人が自分の基準でL_2の大きさを12等分し配付案を示します。これらは大きさが等しいと4人が同意すれば1人3個ずつ分配して終了します。ここで終了すれば全員、自分の分が一番よいと感じて余りなしで終了です。ここで2番の人は12等分に同意していて、少なくともこの分割に対する同意者です。

異議者がいて、異議者と同意者の組が、絶対的優位表にまだない新しい組の場合、先の組(1, 2)の代わりに異議者と同意者で、異議者が大きいと思うものをA、小さいと思うものをBとし、残りを余りとしてくっつけて、上記クレーム処理を手順2から繰り返します。

新しい異議者と同意者の組が複数個ある場合は、異議者の番号が若い方、異議者の番号が同点なら、同意者の番号の若い方を選ぶことにします。

異議者はいるが、異議者と同意者の組が、絶対的優位表にすべて既にある場合は、12分割を同意者のみで同じ個数ずつ分配して、終了します。これで全員自分の分が一番よいと感じて、余りなしで終了です。

助手：この方法は必ず終わりが来ますか？
博士：もちろんです。異議者と同意者の組は最大12通りしかありません。今の手順を1回実行すると、1組の異議者と同意者の組について、クレーム

処理が終了し、以後その異議者から同意者に対する異議申し立ては無視してよいことになります。

　ですから最大12回クレーム処理を行えば、異議者を無視して、最後の同意者のみで分割することができます。そうすると各自が自分の分が一番よいと感じ、しかも余りを出さずに終わります。

助手：すごいです。再現できましたね。質問者の方に連絡しておきましょう。

第12章

存在定理

翌日です。ワトソンさんが質問します。

助手：直方体のようかんを分ける場合、絶対的優位法のように何度も何度も細かく分割しないで済む方法はないのでしょうか？

博士：どういうことですか？

助手：n人だったら、$(n-1)$ヵ所切ってn個カットを作ると、第1希望のカットがみな別々となり、全員自分の分が一番よいと感じる、そういう分割案はないのでしょうか？

博士：$(n-1)$ヵ所切るだけでうらやましさなしの分割法ですか。無限個の分割案を見せて、みなの第1希望が偶然別々になる場合以外は無理なように思いますが。

助手：そうですか。無理でしょうか？

博士：わかりました。試しに、2人で1ヵ所切る場合で考えてみましょう。全部の分割案を検討するために、1つの直方体の分割案を数字2つで表してみます。

助手：2つのカットの長さですか？

博士：その通りです。直方体なので、左端から右端までの長さが1の直方体を考えます。切り口面は必ず左端面に平行に切ることにすると、横方向の長さだけで決まります。2つのカットを、左端から順に第1カット、第2カットと呼ぶことにして、横の長さをそれぞれx_1, x_2とすると、

$$x_1 + x_2 = 1$$

となります。ここでx_1、x_2は0以上1以下の実数です。

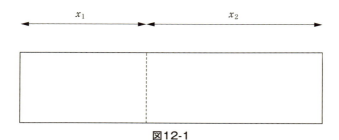

図12-1

助手：これら2つの数字の組は1つの分割案を表すのですね。
博士：組を(x_1, x_2)と表すと、例えば$(x_1, x_2) = (1, 0)$は第1カット長が1、第2カット長が0の案を示します。1人分割用ですね。$(x_1, x_2) = \left(\dfrac{1}{2}, \dfrac{1}{2}\right)$は第1カット長と第2カット長が$\dfrac{1}{2}$の案です。
助手：そういう点の全体はどうなりますか？
博士：長さ1の線分の点全体になります。
助手：どうしてですか？
博士：線分の両端の位置をそれぞれ位置0と位置1とすると、その点から2つの端の点への距離の和がいつも1だからです。
助手：わかりました。長さ1の線分の点にはすべての分割案があり、その中から見つけるのですね。それで1ヵ所切ったら、2人の第1希望が別々となる1点、つまり1個の分割案は見つかるのでしょうか？

博士：いきなり1点を見つけるのは無理と思います。短い線分を考えていって、線分の両端の分割案で2人の第1希望がバラバラになるものはどうでしょうか？

助手：どういうことですか？

博士：例えば、長さが短い線分で、2人の第1希望が両端の分割案で異なるものを見つけるのです。

助手：短い線分の左端の分割案を1人の人に、右端の分割案をもう1人の人に評価してもらい、例えば左端の分割案では第1カットが一番よいと言われ、右端の分割案では第2カットが一番よいと言われるということですか？

博士：その通りです。例えば長さ1の線分を5分割すると、6個の点が取れます。位置は$(1, 0)$、$(0.8, 0.2)$、$(0.6, 0.4)$、$(0.4, 0.6)$、$(0.2, 0.8)$、$(0, 1)$です。

参加者2人をAさん、Bさんとして、これらの点を、交互に評価してもらいます。$(1, 0)$をAさん、$(0.8, 0.2)$をBさん、$(0.6, 0.4)$をAさん、$(0.4, 0.6)$をBさん、$(0.2, 0.8)$をAさん、$(0, 1)$をBさんに評価してもらい、2つのカットのうち、第1カット、第2カットのどちらが一番よいか言ってもらいます。

助手：短い線分の両端は必ず別の人が評価するのですね。

博士：その通りです。

助手：長さ1の線分の両端の点については、2つのカットのうち1つが長さ0です。どんな人が評価しても長さ1のカットの方を選ぶのではありませんか？

博士：はい。長さ0のカットは存在しないので希望できません。案$(1, 0)$を評価した人は誰でも第1カットを希望

します。案 (0, 1) を評価した人は誰でも第 2 カットを希望します。

助手：途中の点はどうなりますか？

博士：途中の点は評価する人に聞いてみないとわかりません。

　　線分全体の左端の点は第 2 カット希望、右端の点は第 1 カット希望です。そして途中の点は第 1 カット希望か第 2 カット希望のどちらかです。

助手：これらの短い線分の中に、その左端と右端の希望が異なるものが必ずあるのでしょうか？

博士：あります。必ず 1 個以上奇数個あります。

助手：本当ですか？

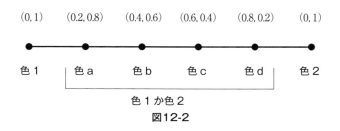

図12-2

博士：はい。これはちょうど時刻 0 でフランスにいた人が時刻 1 でイタリアにいたとすると、この人はこの 2 国間の国境を 1 回以上奇数回通過しているという原理と同じです。

　　全体の左端から右端へ、短い線分を 1 つずつ移動していけばわかります。途中の点 4 つを通過して最後に右端に到達します。全体の左端の点は第 2 カット希望

で、右端の点は第1カット希望です。ということは途中で、左端が第2カット希望で、右端が第1カット希望の短い線分を少なくとも1回通過しないと全体の右端で第1カット希望になれません。両端の希望が同じ短い線分をいくつ通過しても、希望は変わりません。

　一般に、全体の左端から右端への移動で、両端の希望が異なる短い線分が合計1つあると、右端で第1カット希望になります。合計2つあると、右端で第2カット希望に戻ります。合計3つあると右端で第1カット希望になります。合計4つあると右端で第2カット希望に戻ります。つまり偶数個と奇数個で入れ替わります。

　以上から両端の希望が異なる短い線分が1個以上奇数個あれば、全体の右端は第1カット希望で、0個以上偶数個の場合は、全体の右端は第2カット希望になります。実際の右端は第1カット希望なので、両端の希望の異なる短い線分は1個以上奇数個あります。

　これを線分分割定理と呼びましょう。

線分分割定理

大きい線分を小さい線分1個以上に分割し、大きい線分の左端、右端をそれぞれ色1、色2で塗り、それ以外の小さい線分の端の点を色1か色2で塗ると、両端の色の異なる小さい線分が1個以上奇数個存在する。

助手：了解しました。それで今度はどうやって2人の希望の

異なる 1 点、つまり 1 つの分割案を見つけるのですか？

博士：いい質問です。今の議論は、短い線分の長さを、どんどん小さくしていっても、毎回成り立ちます。短い線分の長さを、

$$\frac{1}{10}, \frac{1}{100}, \frac{1}{1000}, \frac{1}{10000}, \cdots$$

と小さくしていっても、毎回成り立って、両端の希望が異なる短い線分が必ず 1 個見つかります。つまりそういう短い線分は無限個あるのです。

助手：無限個あるのですか。

博士：毎回見つかる短い線分は 4 タイプです。評価者の決め方が 2 通り、それぞれ別々となる評価結果が 2 通りあるので、合計 4 タイプです。

　　A さんが左端で第 1 カット希望、B さんが右端で第 2 カット希望、
　　A さんが右端で第 1 カット希望、B さんが左端で第 2 カット希望、
　　A さんが左端で第 2 カット希望、B さんが右端で第 1 カット希望、
　　A さんが右端で第 2 カット希望、B さんが左端で第 1 カット希望

　ということは、短い線分の長さを $\frac{1}{10}, \frac{1}{100}, \frac{1}{1000}, \frac{1}{10000}\cdots$ としていったときに、上記 4 タイプのうち少なくとも 1 つのタイプは無限個あります。

なぜなら4タイプどれも有限個だと合計が有限個になってしまうからです。

　そこで例えば、Aさんが短い線分の左端で第1カット希望、Bさんが右端で第2カット希望の場合が無限個あるとします。以下Aさんが左端で第1カット希望、Bさんが右端で第2カット希望の線分を特別な線分と呼ぶことにします。

　これをイメージ図で示すと次のようになります。あなたの目の前にとても小さな特別な線分が無限個見えています。

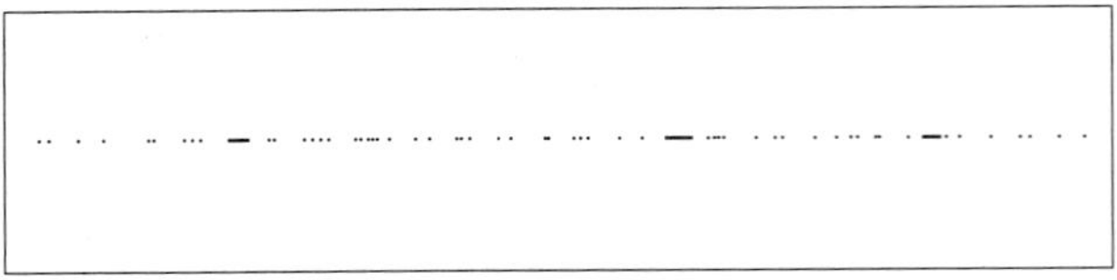

図12-3

助手：ここに本当に無限個あるのですか？
博士：あくまでイメージです。これらの無限個の短い特別な線分を利用して、第1希望が別々な1点を探してみましょう。
　　　　2分探索というのを知っていますか？
助手：探す範囲を2つに分けて探すのですか？
博士：はい。それでは、2分探索で探してみましょう。
　　　　まず0以上1以下の全体区間を0以上$\frac{1}{2}$以下の区間と$\frac{1}{2}$以上1以下の区間に2分します。

第12章 存在定理

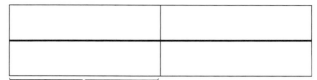

この区間に無限個

図12-4

博士：無限個の特別な短い線分は、0以上$\frac{1}{2}$以下の区間か$\frac{1}{2}$以上1以下の区間の少なくともどちらかには無限個入っています。

助手：どうしてですか？

博士：もしどちらの区間にも有限個ならば、全体区間で有限個になってしまうからです。ここで線分が区間に入っているというのは、

　　線分の両端が区間内に入っている

または、

　　片方の端のみ区間に入っている場合、線分の長さは区間の横幅未満のもの

とします。

　仮に0以上$\frac{1}{2}$以下の区間に無限個入っていたとします。この区間を0以上$\frac{1}{4}$以下の区間と$\frac{1}{4}$以上$\frac{1}{2}$以下の区間の2つに分けます。

　今度は、0以上$\frac{1}{4}$以下の区間と$\frac{1}{4}$以上$\frac{1}{2}$以下の区間の少なくともどちらかには無限個特別な短い線分が入

199

っています。仮に$\frac{1}{4}$以上$\frac{1}{2}$以下の区間に無限個入っているとします。

この区間に無限個

図12-5

博士：この区間を$\frac{1}{4}$以上$\frac{3}{8}$以下の区間と$\frac{3}{8}$以上$\frac{1}{2}$以下の区間に2分割します。すると$\frac{1}{4}$以上$\frac{3}{8}$以下の区間か$\frac{3}{8}$以上$\frac{1}{2}$以下の区間の少なくともどちらかには、無限個の特別な短い線分が入っています。

例えば前者の区間に無限個、特別な短い線分が入っているとします。

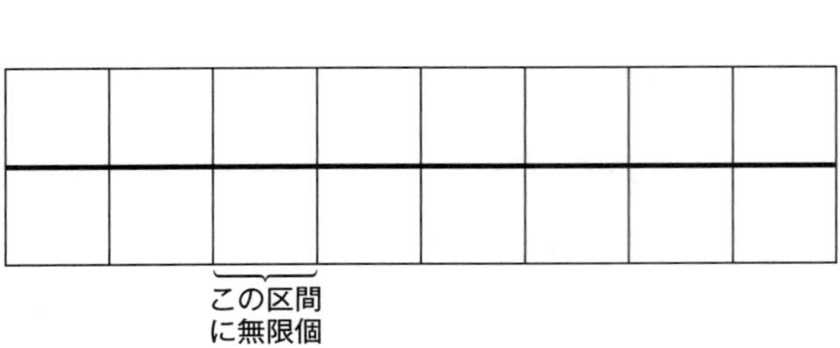

この区間
に無限個

図12-6

博士：またこの区間を2分割します。

第12章　存在定理

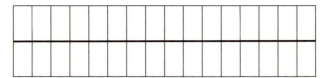

図12-7

博士：上記の議論を続けていきます。区間を半分ずつせばめていくと、区間とその両隣の区間にいつも無限個の特別な短い線分が存在します。せばめる区間の両端の長さも、短い線分の左端と右端の長さも、いくらでも小さい正の値未満にできます。すなわち特別な線分の左端と右端は1点に収束します。

　Aさんはこれらの短い特別な線分では、左端でいつも第1カット希望といい、Bさんは右端でいつも第2カット希望と言っていました。そこで人間の希望には連続性があると考えられます。

助手：どういうことですか？

博士：こういう性質です。

希望の連続性

人間はようかんのn分割の分割案の列x_1、x_2、x_3、…を見て毎回第jカットを第1希望と言った場合、分割案の列x_1、x_2、x_3、…が分割案aに収束するならば、分割案aを見せられた場合も同じく第jカットを第1希望と言う。

博士：したがってこれらの区間が収束する1点においても、

Aさんは第1カット希望で、Bさんは第2カット希望と言います。以上で第1希望が別々となる1点、つまり1つの分割案が得られました。

助手：先生。本当に人間の希望は連続性を持つのですか？

博士：そう思います。分割案の列x_1、x_2、x_3、…の後の方の分割案は分割案aにほとんど近いです。だから第1希望は分割案の列の後の方も分割案aでも同じはずです。

助手：それでは3人の場合はどうなりますか？

博士：3人が2ヵ所切る場合で第1希望が別々となる切り方があるか考えてみましょう。3つのカットを作るので、左端から順に第1カット、第2カット、第3カットと呼ぶことにして、それぞれの横の長さをx_1、x_2、x_3とすると、

$$x_1 + x_2 + x_3 = 1$$

となります。ここでx_1、x_2、x_3は0以上1以下の実数です。

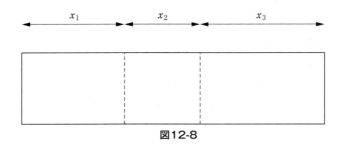

図12-8

助手：これら3つの数字の組が1つの分割案を表すのです

第12章　存在定理

博士：その通りです。例えば $(x_1, x_2, x_3) = (1, 0, 0)$ は第1カット長が1、第2カット長と第3カット長が0を示します。$(x_1, x_2, x_3) = \left(\dfrac{1}{3}, \dfrac{1}{3}, \dfrac{1}{3}\right)$ は第1カット長、第2カット長、第3カット長が $\dfrac{1}{3}$ を示します。

助手：そういう点の全体はどうなりますか？

博士：3つの数字の組 (x_1, x_2, x_3) の全体は1辺が長さ $\dfrac{2}{\sqrt{3}}$ の正三角形の点全体となります。

助手：どうしてですか？

博士：その点から3つの辺への距離の和がいつも1になるからです。

助手：今度はどうやって3人の第1希望が別々になる分割案を探すのですか？

博士：大きい線分の時は小さい線分で分割したので、今度は三角形を小さい三角形に分割しましょう。

助手：なんだか先日のテーマパークの三角形の建物にそっくりですね。

博士：その通りです。小三角形の3頂点が分割案で、それらを3人に1案ずつ評価してもらいます。たくさんの小三角形の中に、3人の第1希望が別々となる小三角形を見つける問題となります。

　しかし家賃分割とは事情が少し違うところがあります。賃料は無料なら必ずその部屋を選びますが、長さ0のカットは存在しないので、希望することはありません。

助手：それではどうなるのですか？

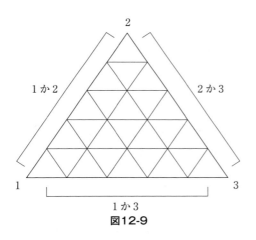

図12-9

博士：今回はみなの第1希望はこうなります。まず大きな三角形の頂点です。

(1, 0, 0)　どんな人でも第1カットを希望
(0, 1, 0)　どんな人でも第2カットを希望
(0, 0, 1)　どんな人でも第3カットを希望

助手：三角形の頂点以外の辺の上ではどうなりますか？
博士：こうなります。

($x, y, 0$)　どんな人でも第1カットか第2カットを希望

　　　　$(x, 0, z)$　どんな人でも第1カットか第3カットを希望

　　　　$(0, y, z)$　どんな人でも第2カットか第3カットを希望

助手：ということは三角形の建物のへりの柱の色の塗り方がテーマパークとは違いますね。三角形の内側の柱の色は自由に塗るのは同じですが、三角形の建物定理は使えるのでしょうか？

博士：三角形の建物定理は、異なる2色の柱の間のドアがちょうど1個の場合の定理でした。そのままでは使えませんね。

助手：ダメですか？

博士：幸いにも、三角形建物の一般定理の方が使えます。

助手：どうしてですか？

博士：この三角形の建物のへりには、色1と色2の柱の間のドア、色2と色3の柱の間のドア、色3と色1の柱の間のドアが1個以上奇数個あるからです。

助手：どうしてですか？

博士：例えば三角形の頂点の1つが色1、もう1つの頂点が色2の場合、2頂点を結ぶ辺の上の点は色1か色2のどちらかです。ということは三角形の頂点の色1から出発して、もう1つの三角形の頂点の色2へ移動するには、1回以上奇数回、両端の色の異なる短い線分を通過しなければならないからです。

助手：わかりました。先ほどの線分分割定理ですね。

博士：その通りです。この線分分割定理と三角形建物の一般

定理から次の三角形分割定理が成り立ちます。

> **三角形分割定理**
> 大きい三角形を小三角形1個以上に分割し、大きい三角形の3頂点をそれぞれ色1、色2、色3で塗り、2頂点を結ぶ辺の上の点を辺の端の点の2色のどれかで塗り、残りの点の色は自由に塗るものとする。
> こうすると小三角形で頂点の色が3色別々のものが1個以上奇数個存在する。

助手：1点の探し方はどうなりますか？ 線分分割の時の2分探索ですか？

博士：今度は4分探索です。まず小三角形の辺を

$$\frac{1}{10}, \frac{1}{100}, \frac{1}{1000}, \frac{1}{10000}, \frac{1}{100000}, \cdots$$

と細かくしていきます。どんどん細かくしていっても毎回3色別々の小三角形が1つ見つかります。つまり3色別々の小三角形が無限個あります。

これらの小三角形を図の上で見ると、上にとがった三角形と下にとがった三角形があります。合計無限個あるので、少なくともどちらかは無限個あります。例えば上にとがった三角形が無限個あるとします。

上にとがった三角形の頂点を左から左頂点、上頂点、右頂点と呼ぶことにします。これらの頂点に対する、評価者3人の割り当て方は6通りあります。そしてそれぞれの場合について、評価結果は第1希望が

別々なので、6通りあります。組み合わせは合計36通りあります。これら36通りのタイプのうち少なくとも1つは、無限個あります。

例えば1つのタイプ、Aさんが左頂点でカット1希望、Bさんが上頂点でカット2希望、Cさんが右頂点でカット3希望が無限個あるものとして、このタイプの三角形を特別な三角形と呼ぶことにします。

さてこの図がイメージ図です。特別な三角形があなたの目の前に無限個見えています。

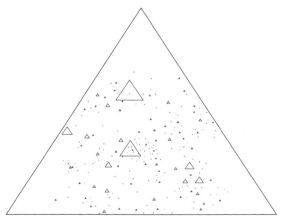

図12-10

助手:この中を4分探索して1点を探すのですね。

博士:4分探索はこうなります。図12-11のように大きな三角形を、正方形で覆い、正方形のハンカチを4分割するように、小さい正方形4つに分割します(図12-12)。

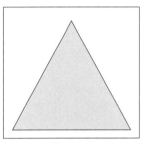

図12-11

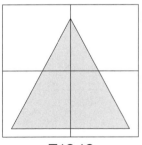

図12-12

博士:これらの無限個の特別な三角形は、分割正方形4つの少なくとも1つには無限個含まれます。どれも有限個

208

第12章　存在定理

だと全体で有限個になってしまうからです。ここで三角形が分割正方形に含まれるというのは、三角形の3頂点がすべて1つの分割正方形に入っているか、あるいは、1個か2個の頂点が分割正方形に入っている場合は、三角形の一辺の長さが分割正方形の一辺の長さ未満とします。

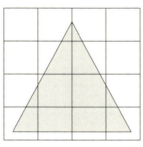

図12-13

博士：以下同じように、特別な三角形を無限個含んでいる正方形を毎回4分割して探していきます。そうすると分割正方形の一辺の長さも、特別な三角形の一辺の長さも、どんな正の値よりも小さくできます。つまり特別な三角形の3頂点は1点に収束します。

　　　毎回Aさんは左頂点でカット1希望、Bさんは上頂点でカット2希望、Cさんは右頂点でカット3希望と言っていました。したがって、希望の連続性から、収束した1点でもAさんはカット1希望、Bさんはカット2希望、Cさんはカット3希望と言います。

助手：1つの分割案で、3人の第1希望がすべて別々のもの

が見つかったのですね。

博士：その通りです。以上で3人の場合が無事示せました。

助手：4人の場合はどうなりますか？

博士：4人の場合は、4つのカットを作るので、左端から順番に第1カット、第2カット、第3カット、第4カットと呼んで、カットの長さをそれぞれx_1、x_2、x_3、x_4とすると、

$$x_1 + x_2 + x_3 + x_4 = 1$$

となります。ここでx_1、x_2、x_3、x_4は0以上1以下の実数です。これら4つの数字の組(x_1, x_2, x_3, x_4)が1つの分割案です。

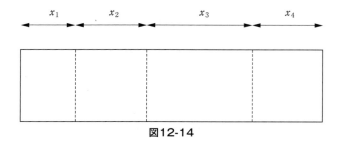

図12-14

助手：例えば$(x_1, x_2, x_3, x_4) = \left(\dfrac{1}{2}, \dfrac{1}{4}, \dfrac{1}{8}, \dfrac{1}{8}\right)$は第1カット長$\dfrac{1}{2}$、第2カット長$\dfrac{1}{4}$、第3カット長と第4カット長$\dfrac{1}{8}$ですね。こういう点の全体はどうなりますか？

博士：組 (x_1, x_2, x_3, x_4) の全体は一辺が長さ $\sqrt{\dfrac{3}{2}}$ の正四面体の点の全体となります。

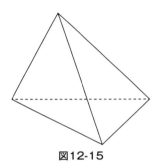

図12-15

助手：どうしてですか？
博士：その点から正四面体の4つの面への距離の和がいつも1になるからです。
助手：四面体の場合も小さい四面体に分割すると、線分分割定理や三角形分割定理のようなものが成り立ちますか？
博士：その通りです。

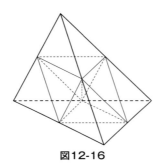

図12-16

博士：今度はこうなります。四面体を1個以上の小さな四面体に分割して小さな四面体の頂点を色塗りする問題となります。

大きい四面体の頂点の場合の第1希望は誰でも次のようになります。

(1, 0, 0, 0) どんな人でも第1カットを希望
(0, 1, 0, 0) どんな人でも第2カットを希望
(0, 0, 1, 0) どんな人でも第3カットを希望
(0, 0, 0, 1) どんな人でも第4カットを希望

助手：大きい四面体の頂点以外の辺の上ではどうなりますか？

博士：こうなります。

($x, y, 0, 0$) どんな人でも第1カットか第2カットを希望
($x, 0, z, 0$) どんな人でも第1カットか第3カット

を希望

　$(x, 0, 0, w)$　どんな人でも第1カットか第4カットを希望

　$(0, y, z, 0)$　どんな人でも第2カットか第3カットを希望

　$(0, y, 0, w)$　どんな人でも第2カットか第4カットを希望

　$(0, 0, z, w)$　どんな人でも第3カットか第4カットを希望

助手：四面体の辺以外の面の上の点ではどうなりますか？
博士：こうなります。

　$(x, y, z, 0)$　どんな人でも第1か第2か第3カットを希望

　$(x, y, 0, w)$　どんな人でも第1か第2か第4カットを希望

　$(x, 0, z, w)$　どんな人でも第1か第3か第4カットを希望

　$(0, y, z, w)$　どんな人でも第2か第3か第4カットを希望

助手：これ以外の点では自由に第1希望を選んでもらうのですね。今度はどうなりますか？
博士：三角形分割定理を利用すると四面体分割定理が成り立ちます。このことから4人の第1希望が別々となる分割案が存在することになります。

> **四面体分割定理**
> 大きい四面体を小さい四面体1個以上に分割し、大きい四面体の4頂点をそれぞれ色1、色2、色3、色4で塗り、2頂点を結ぶ辺上の点は辺の端の点の2色のどれかで塗り、辺以外の面の点は、面の3頂点の色のどれかで塗り、残りの点の色は自由に塗るものとする。こうすると小さい四面体で頂点の色が4色別々のものが1個以上奇数個存在する。

助手：5人以上でも同じですか？

博士：はい。同じですね。以上から驚くべき事実が明らかになりました。n人の参加者がどんな判断基準を持っていても、第1希望が別々となるような、ようかんn個の分割案が存在するのです。

助手：びっくりしました。とても不思議です。

解説

　線分分割定理、三角形分割定理、四面体分割定理はスペルナーの補題と呼ばれる有名な定理です。ものを分ける問題でスペルナーの補題が活躍するのは驚くべきことです。スペルナーの補題は、連続数学で有名なブラウア

ーの不動点定理と等価な定理で、離散数学版のブラウアーの不動点定理と呼ばれています。

ブラウアーの不動点定理は、1次元の場合こうなります。

> 0以上1以下の実数の閉区間 [0, 1] から [0, 1] への連続関数fは、$f(x)=x$となる点xを少なくとも1つ持つ。

この$f(x)=x$となる点xを関数fの不動点と呼びます。例えば$f(x)=x$の場合、すべての点が不動点、$f(x)=x^2$の場合、0と1が不動点、$f(x)=\dfrac{1-x}{2}$の場合、$\dfrac{1}{3}$が不動点となります。

一方、スペルナーの補題の1次元版である、線分分割定理は次のようになります。

> 線分 [0, 1] を1個以上の小線分に分割し、左端の位置0を色1、右端の位置1を色2で塗り、その他の小線分の端の点を色1か色2で塗る。こうすると小線分で、両端の色が2色別々なものが1個以上奇数個存在する。

ブラウアーの不動点定理は、2次元の場合こうなります。

> 一辺が $\frac{2}{\sqrt{3}}$ の正三角形から一辺が $\frac{2}{\sqrt{3}}$ の正三角形への連続関数 f は、$f(x)=x$ となる点 x を少なくとも1つ持つ。

日常生活の例では、日本の中のどの場所でも、日本地図を地面に置いて広げると、地図上の位置と実際の位置が一致する場所が存在することになります。

一方、スペルナーの補題の2次元版である、三角形分割定理は次のようになります。

> 大きい三角形を小三角形1個以上に分割し、大きい三角形の3頂点をそれぞれ色1、色2、色3で塗り、2頂点を結ぶ辺の上の点を辺の端の点の2色のどれかで塗り、残りの点の色は自由に塗ると、小三角形で頂点の色が3色別々のものが1個以上奇数個存在する。

一見これらの定理は全然違った話に見えますが、同じ現象を表現しています。例えば2次元版のスペルナーの補題から2次元版のブラウアーの不動点定理を導くには、次のようにします。

一辺が $\frac{2}{\sqrt{3}}$ の正三角形上の点は、1番目の辺、2番目の辺、3番目の辺への垂線の長さを x_1, x_2, x_3 とすると、点の位置を $x = (x_1, x_2, x_3)$ と一意的に表すことができ、$x_1, x_2, x_3 \geqq 0$ で $x_1 + x_2 + x_3 = 1$ となります。$f(x) = y = (y_1, y_2, y_3)$ と置くと、$y_1, y_2, y_3 \geqq 0$ で $y_1 + y_2 + y_3 = 1$ となります。今、関数 f が不動点を持てば終了です。持たないとして、三角形分割を考えると、その全部の点の色を以下のように決めることができます。

$y_1 < x_1$ なら色 1,

$y_1 \geqq x_1, y_2 < x_2$ なら色 2,

$y_1 \geqq x_1, y_2 \geqq x_2, y_3 < x_3$ なら色 3

こうするとスペルナーの補題の色の塗り方の条件をすべて満たすので、小三角形のゴールの部屋が存在します。三角形分割の小三角形の一辺をどんどん小さくしていくと、毎回どんどん小さい小三角形のゴールの部屋が見つかります。これらの小三角形のゴールの部屋の3頂点の列の部分列は1点

$x_0 = (x_{01}, x_{02}, x_{03})$

に収束します。$f(x_0) = y_0 = (y_{01}, y_{02}, y_{03})$ とすると、関数 f の連続性から

$y_{01} \leqq x_{01}, y_{02} \leqq x_{02}, y_{03} \leqq x_{03}$

となり、両辺の和は 1 なので、

$y_0 = x_0$

となります。つまり点 x_0 は関数 f の不動点となります。

歴史まとめ

　ものの公平分割に関する数学的理論は、1940年代のヨーロッパではじまりました。当時、ケーキの公平分割理論と呼ばれました。ケーキとはみなが好ましく思っている対象物で、いくらでも部分に分割可能という意味です。

　提唱した人は数学者シュタインハウスです。第二次世界大戦下に、彼と彼の周囲の数学者はケーキを公平に分割する方法をいくつか作っています。

　公平分割で用いる代表的な公平基準は、以下の3つです。

［割合の公平］どの人も、自分の分が全体価値の人数分の1以上と感じる。

［うらやましさなしの公平］どの人も、自分の分は他人の分以上の価値があり、一番よいと感じる。

［正確な公平］　どの人も、その人の基準で、自分の分や他人の分が全体価値の人数分の1に見える。

　シュタインハウスは3人用の分割法を、弟子の有名な数学者バナッハとその共著者クナステルは、一般のn人用の分割法を発見しています。

　公平分割問題が数学的課題として広く世界に知られるようになったのは、第二次世界大戦終結後の米国ワシントンD.C.の国際会議からです。この会議以降、多くの異なる研究分野の人々が公平分割問題に取り組むこととなりました。

割合の公平な分割法

1943年のシュタインハウスの方法は、3人で割合の公平な分割を実現しますが、手順は必要以上に複雑でした。一方、1944年のバナッハとクナステルによる最後に切った人法は、発言した人がその責任を取るというすぐれた原理に基づいています。

その後、人数を増やす方式である人数増加法が、1970年にサーティにより示されました。

うらやましさなしの分割法

3人用のうらやましさなしの公平分割法であるトリミング調整法が発見されたのは、1960年頃のことです。セルフリッジによって発見されたこの方法は、後にコンウェイによっても独立に発見されたため、セルフリッジ-コンウェイ法と普通呼ばれます。

一般のn人用のうらやましさなし分割法である絶対的優位法がブラムズとテイラーにより発見されたのは、1995年頃のことです。しかしながらこの方法は、ほとんど実用的な価値のない方法のようです。同じ頃、シモンズとスーによって発表された三角形分割のスペルナーの補題に基づく近似法は、簡単で実用的価値があります。

離婚夫婦間の財産分割問題に威力を発揮する勝者調整法は、ブラムズとテイラーにより、1994年に発表されました。

ナイフ移動法

ナイフを連続移動してケーキを分割する方法は、ナイフ移動法と呼ばれます。

割合の公平な分割を実現する1本ナイフ移動法はデュビンスとスパニアにより1961年頃に、正確な公平分割を実現する2本ナイフ移動法はオースティンにより1962年頃に、うらやましさなしの3人用分割法である4本ナイフ移動法はストロンキストにより1981年頃に発見されました。

2本ナイフ移動法は、2人用の正確な分割を実現してくれますが、実際は無限個の候補位置をチェックしています。n人の場合に、ケーキを適切に$(n \times (n-1))$ヵ所で切れば、正確な分割ができることが知られています。

嫌いなものの分割法

切る人・選ぶ人法や人数増加法は、嫌いなものの分割にも使える分割法です。これに対し1本ナイフ移動法やトリミング調整法は、そのままでは無理そうです。

嫌いなものを、3人または4人でうらやましさなしに分割する方法はピーターソンとスーが2002年頃に、一般のn人用のうらやましさなし分割法は、同じくピーターソンとスーが2009年頃に発見しました。

ケーキのうらやましさなし分割の存在を示すために開発されたスーたちの三角形分割近似法を応用すると、本文のような家賃分割法が得られます。

n人版の絶対的優位法

助手：nが4以上の場合のn人版の絶対的優位法はどうなりますか？

博士：まず$f(n)$を同点1位数、つまりn人版同点1位法の最初の人が作る同点1位の個数とします。計算方法は$n \geq 3$の場合$f(n) = 2^{n-2}+1$です。ここで$f(n-1) = m$と表記することにします。例えば$n = 4$の場合$f(4) = 5$、$f(3) = m = 3$です。

それでは方法です。4人の場合の最初の4等分はもちろんn人ではn等分する手順になります。絶対的優位表は最初何も記入していません。

手順1

2番の人の基準でn等分し、全員がこのn分割がn等分であると同意すれば、全員に1つずつ配って終了します。全員自分の分が一番よいと感じて終了です。

1人以上の人が同意しない場合、一番番号の若い人を選びます。例えば1番の人が、大きいカットAと小さいカットBがあると異議申し立てしたとします。残りすべてのカットはくっつけて1つの余りとします。1番の人を異議者、2番の人を同意者と呼

びます。

助手：r個の破片に分割するときのrの決め方はどうですか。4人の場合は10以上の整数で、Aの破片を7個除いてもBより大きく感じるrでした。

博士：ここは$m \times m + 1$以上の整数で、Aの破片を$(m \times (m-1) + 1)$個除いてもBより大きく感じるrとなります。$m = 3$の時は、$m \times m + 1$以上が10以上となり、$(m \times (m-1) + 1)$個除いては、7個除いてとなります。

手順 2

1番の人が十分大きい整数rを言います。2番の人は自分の基準で、Bをr等分し、Aをr等分します。rの決め方は以下の通りです。$m \times m + 1$以上で、以下の条件を満足する整数rです。

$$\frac{m \times (m-1) + 1}{r} < \frac{大きさ(A) - 大きさ(B)}{大きさ(A)}$$

つまりAをr分割して最も小さい$(m \times (m-1) + 1)$個を取り去っても、まだAの方がBより大きくなるrです。

助手：2組の3人版同点1位法を行うところはどうなりますか？

博士：2組の$(n-1)$人版同点1位法を行うことになります。

手順 3

これから2組の$(n-1)$人版同点1位法を同時に行う準備をします。

1番の人は、Bのr分割の中で、一番小さいm個

付録　n人版の絶対的優位法

Z_1、Z_2、…、Z_m を選びます。さらに 1 番の人は、A の r 分割の中で、Z_1、Z_2、…、Z_m より大きい最大の m 個か、あるいは最大 1 位のものの m 分割でどれも Z_1、Z_2、…、Z_m より大きい m 個かの、どちらかを選びます。

　　前者を選んだ場合は、選んだ後に最大 m 位のものの大きさにあわせて最大 1 位から最大 $(m-1)$ 位を削ります。これでどちらの場合も、1 番の人の選んだものは本人の基準でサイズの等しい m 個で、Z_1、Z_2、…、Z_m より大きいものになります。これらを Y_1、Y_2、…、Y_m と呼びます。

手順4
2 組の $(n-1)$ 人版同点 1 位法を行います。3 番の人が $2m$ 個を見比べ削って同点 1 位を $f(n-2)$ 個作ります。…$(n-1)$ 番の人が $2m$ 個を見比べ削って同点 1 位を 2 個作ります。

手順5
$2m$ 個から、n 番、$(n-1)$ 番、…、3 番、2 番、1 番の順に 1 個ずつ選択します。ただし、自分が削ったものがあれば必ずそれを取ります。2 番は Z_1、Z_2、…、Z_m から選びます。1 番は Y_1、Y_2、…、Y_m から選びます。

助手：4 人版同点 1 位法を繰り返すところはどうなりますか？
博士：もちろん n 人版同点 1 位法を繰り返します。

手順 6

1番、2番、…、n番の得た分、残りをそれぞれ X_1、X_2、…、X_n、L_1 と呼びます。全員、自分の得た分が一番よいと感じています。2番は X_1 と X_2 の大きさは同じと感じています。1番は X_1 が X_2 より大きいと感じています。1番の感じる X_1 と X_2 の大きさの差を d とします。

手順 7

n 人版同点1位法を1回使うと、1番の人は全体の大きさ $\frac{1}{f(n)}$ 相当を得て、他の人もサイズ正の分を得るので、残り分の大きさは全体の $\frac{f(n)-1}{f(n)}$ 未満になります。これを適切な整数 s 回行うと、残り分の大きさは d 未満にできます。

そこで、毎回1番の人から開始する n 人版同点1位法を s 回行います。

1番の人から開始する n 人版同点1位法は、次のようになります。1番の人が $f(n)$ 等分します。2番の人が削って同点1位を $f(n-1)$ 個作ります。…$(n-1)$ 番の人が削って同点1位を2つ作ります。n 番、$(n-1)$ 番、…、2番、1番の順番に1つずつ選択します。ただし自分の削ったものがあれば必ずそれを選択します。

s 回終了後、1番、2番、…、n 番のこれまで得た分、残りをそれぞれ X_1'、X_2'、…、X_n'、L_2 と呼びます。全員自分の得た分が一番よいと感じていま

付録　n人版の絶対的優位法

す。1番の人は、X_1'の大きさは、X_2'とL_2を合わせたより大きいと感じています。絶対的優位表に異議者と同意者の2人の番号の組(1, 2)を登録します。

助手：クレームが解決した後で、12等分するところはどうなりますか？

博士：nと$(n-1)$と…と2の最小公倍数で等分します。4人の場合、4と3と2の最小公倍数は12でした。

手順 8
2番の人がL_2の大きさをp等分します。ここでpはnと$(n-1)$と…と2の最小公倍数です。これらの分割分がすべて等分であると全員同意すれば、全員に同数ずつ分配して終了します。全員自分の得た分が一番よいと感じて終了です。

異議申し立てする人がいたとします。2番の人はこの分割に対する同意者の1人です。この分割に対する異議者と同意者の組すべてが、絶対的優位表に既にあれば、この分割の同意者だけで同数ずつ分配して終了します。全員自分が得た分が一番よいと感じて終了です。

絶対的優位表にない新しい組が出現した場合、異議者と同意者の1つの組を選びます。複数個新しい組がある場合は、異議者の番号が若い方、同点なら同意者の番号の若い方を選びます。異議者の小さいと思うカットをB、大きいと思うカットをAと呼びます。この異議者、同意者、カットA、カットBで手順2から繰り返します。

225

参考文献

[1] S. J. Brams and A. D. Taylor, *Fair Division: From Cake-Cutting to Dispute Resolution*, Cambridge University Press, 1996

[2] J. Robertson and W. Webb, *Cake-Cutting Algorithms: Be Fair If You Can*, A K Peters, 1998

[3] F. E. Su, Rental Harmony: Sperner's Lemma in Fair Division, *The American Mathematical Monthly* Vol.106(10), pp. 930 - 942, 1999

索引

〈あ行〉

余りの分割法	41
オースティン	220

〈か行〉

切る人・選ぶ人法	19, 20, 220
くだもの分割法	66
クナステル	218, 219
ケーキの公平分割理論	218
公平分割問題	218
小部屋探しゲーム	88
コンウェイ	219

〈さ行〉

サーティ	219
三角形建物の一般定理	102
三角形の建物定理	101
三角形分割定理	206, 214, 216
四面体分割定理	213, 214
シモンズ	219
シュタインハウス	218
勝者調整法	67, 219
スー	219, 220
ストロンキスト	220
スパニア	220
スペルナーの補題	214, 219
絶対的優位	40, 221
セルフリッジ	219
セルフリッジーコンウェイ法	219
線分分割定理	196, 214, 215

〈た行〉

タッカーの補題	126
テイラー	219
デュビンス	220
同点1位法	21, 24, 25, 30, 34
トリミング調整法	42, 219

〈な行〉

ナイフ移動法	220
2本ナイフ移動法	149
人数増加法	164, 220

〈は行〉

8角形建物定理	124
バナッハ	218
ピーターソン	220
ブラウアーの不動点定理	214 - 216
ブラムズ	219
ボルスク-ウラムの定理	136

〈や行〉

ようかん定理	35

N.D.C.410　　227p　　18cm

ブルーバックス　B-2059

離散数学「ものを分ける理論」
問題解決のアルゴリズムをつくる

2018年 5 月20日　第1刷発行

著者	徳田雄洋	
発行者	渡瀬昌彦	
発行所	株式会社講談社	
	〒112-8001　東京都文京区音羽2-12-21	
電話	出版　03-5395-3524	
	販売　03-5395-4415	
	業務　03-5395-3615	
印刷所	(本文印刷) 慶昌堂印刷株式会社	
	(カバー表紙印刷) 信毎書籍印刷株式会社	
製本所	株式会社国宝社	

定価はカバーに表示してあります。
© 徳田雄洋　2018, Printed in Japan
落丁本・乱丁本は購入書店名を明記のうえ、小社業務宛にお送りください。送料小社負担にてお取替えします。なお、この本についてのお問い合わせは、ブルーバックス宛にお願いいたします。
本書のコピー、スキャン、デジタル化等の無断複製は著作権法上での例外を除き禁じられています。本書を代行業者等の第三者に依頼してスキャンやデジタル化することはたとえ個人や家庭内の利用でも著作権法違反です。
Ⓡ〈日本複製権センター委託出版物〉複写を希望される場合は、日本複製権センター（電話03-3401-2382）にご連絡ください。

ISBN978－4－06－511756－9

発刊のことば

科学をあなたのポケットに

　二十世紀最大の特色は、それが科学時代であるということです。科学は日に日に進歩を続け、止まるところを知りません。ひと昔前の夢物語もどんどん現実化しており、今やわれわれの生活のすべてが、科学によってゆり動かされているといっても過言ではないでしょう。

　そのような背景を考えれば、学者や学生はもちろん、産業人も、セールスマンも、ジャーナリストも、家庭の主婦も、みんなが科学を知らなければ、時代の流れに逆らうことになるでしょう。ブルーバックス発刊の意義と必然性はそこにあります。このシリーズは、読む人に科学的に物を考える習慣と、科学的に物を見る目を養っていただくことを最大の目標にしています。そのためには、単に原理や法則の解説に終始するのではなくて、政治や経済など、社会科学や人文科学にも関連させて、広い視野から問題を追究していきます。科学はむずかしいという先入観を改める表現と構成、それも類書にないブルーバックスの特色であると信じます。

一九六三年九月

野間省一

ブルーバックス　数学関係書 (I)

116	推計学のすすめ	佐藤信
120	統計でウソをつく法	ダレル・ハフ／高木秀玄=訳
177	ゼロから無限へ	C・レイド／芹沢正三=訳
217	ゲームの理論入門	モートン・D・デービス／桐谷維=訳
325	現代数学小事典	寺阪英孝=編
408	数学質問箱	矢野健太郎
722	解ければ天才！　算数100の難問・奇問	中村義作
797	円周率πの不思議	堀場芳数
833	虚数iの不思議	堀場芳数
862	対数eの不思議	堀場芳数
908	数学トリック=だまされまいぞ！	仲田紀夫
926	原因をさぐる統計学	豊田秀樹
1003	マンガ　微積分入門	岡部恒治／前田晴彦=絵
1013	違いを見ぬく統計学	豊田秀樹
1037	道具としての微分方程式	斎藤恭一／岡田剛一=絵
1074	フェルマーの大定理が解けた！	足立恒雄
1076	トポロジーの発想	川久保勝夫
1141	マンガ　幾何入門	岡部恒治／藤岡文世=絵
1201	自然にひそむ数学	佐藤修一
1243	高校数学とっておき勉強法	仲田紀夫=原作／佐々木ケン=漫画
1312	マンガ　おはなし数学史	鍵本聡
1332	集合とはなにか　新装版	竹内外史
1352	確率・統計であばくギャンブルのからくり	谷岡一郎
1353	算数パズル「出しっこ問題」傑作選	仲田紀夫
1366	数学版　これを英語で言えますか？	E・ネルソン=監修／保江邦夫=著
1383	高校数学でわかるマクスウェル方程式	竹内淳
1386	素数入門	芹沢正三
1407	入試数学　伝説の良問100	安田亨
1419	パズルでひらめく　補助線の幾何学	中村義作
1429	数学21世紀の7大難問	中村亨
1430	Excelで遊ぶ手作り数学シミュレーション	田沼晴彦
1433	なるほど高校数学　三角関数の物語	佐藤恒雄
1453	大人のための算数練習帳　図形問題編	佐藤恒雄
1479	大人のための算数練習帳	佐藤恒雄
1490	暗号の数理　改訂新版	一松信
1493	計算力を強くする	鍵本聡
1536	計算力を強くするpart2	鍵本聡
1547	広中杯 ハイレベル中学数学に挑戦	算数オリンピック委員会=監修／青木亮二=解説
1557	やさしい統計入門	柳井晴夫／C・R・ラオ
1595	数論入門	芹沢正三
1598	なるほど高校数学　ベクトルの物語	原岡喜重
1606	関数とはなんだろう	山根英司

ブルーバックス　数学関係書（II）

1619	離散数学「数え上げ理論」	野﨑昭弘
1620	高校数学でわかるボルツマンの原理	竹内淳
1625	やりなおし算数道場	歌丸優一
1629	計算力を強くする　完全ドリル	鍵本聡
1657	高校数学でわかるフーリエ変換	竹内淳
1661	史上最強の実践数学公式123	佐藤恒雄 花摘香里=漫画
1677	新体系　高校数学の教科書（上）	芳沢光雄
1678	新体系　高校数学の教科書（下）	芳沢光雄
1681	マンガ　統計学入門	アイリーン・V・マグネロ=文 ボリン・ルーン=絵 神永正博=監訳 井口耕二=訳
1684	なるほど高校数学　数列の物語	宇野勝博
1694	ウソを見破る高校数学	竹内淳
1704	高校数学でわかる線形代数	竹内淳
1711	傑作！数学パズル50	小泓正直
1724	ガロアの群論	中村亨
1738	物理数学の直観的方法（普及版）	長沼伸一郎
1740	マンガで読む　計算力を強くする	がそんみほ=マンガ 銀杏社=構成
1743	大学入試問題で語る数論の世界	清水健一
1757	高校数学でわかる統計学	竹内淳
1764	新体系　中学数学の教科書（上）	芳沢光雄
1765	新体系　中学数学の教科書（下）	芳沢光雄
1770	連分数のふしぎ	木村俊一
1782	はじめてのゲーム理論	川越敏司
1784	確率・統計でわかる「金融リスク」のからくり	吉本佳生
1786	「超」入門　微分積分	神永正博
1788	複素数とはなにか	示野信一
1795	シャノンの情報理論入門	高岡詠子
1808	算数オリンピックに挑戦'08〜'12年度版	算数オリンピック委員会=編
1810	不完全性定理とはなにか	竹内薫
1818	オイラーの公式がわかる	原岡喜重
1819	世界は2乗でできている	小島寛之
1822	マンガ　線形代数入門	鍵本聡=原作 北垣絵美=漫画
1823	三角形の七不思議	細矢治夫
1828	リーマン予想とはなにか	中村亨
1833	超絶難問論理パズル	小野田博一
1838	読解力を強くする算数練習帳	佐藤恒雄
1841	超難関入試　算数速攻術	松島りつこ=画 中川塾
1851	チューリングの計算理論入門	高岡詠子
1870	知性を鍛える　大学の教養数学	佐藤恒雄
1880	非ユークリッド幾何の世界　新装版	寺阪英孝
1888	直感を裏切る数学	神永正博
1890	ようこそ「多変量解析」クラブへ	小野田博一

ブルーバックス　数学関係書（Ⅲ）

- 1893 逆問題の考え方 上村 豊
- 1897 算法勝負！「江戸の数学」に挑戦 山根誠司
- 1906 ロジックの世界 ダン・クライアン／シャロン・シュアティル ビル・メイブリン=絵 田中一之=訳
- 1907 素数が奏でる物語 西来路文朗／清水健一
- 1911 超越数とはなにか 西岡久美子
- 1913 やじうま入試数学 金 重明
- 1917 群論入門 芳沢光雄
- 1921 数学ロングトレイル「大学への数学」に挑戦 山下光雄
- 1927 確率を攻略する 小島寛之
- 1933「P≠NP」問題 野﨑昭弘
- 1941 数学ロングトレイル「大学への数学」に挑戦　ベクトル編 山下光雄
- 1942 数学ロングトレイル「大学への数学」に挑戦　関数編 山下光雄
- 1946 数学ミステリー　×教授を殺したのはだれだ！ トドリス・アンドリオプロス=原作 タナシス・グキオカス=漫画 竹内さなみ=訳
- 1949 マンガ「代数学」超入門 藪田真弓／藤原晉枝子=著 鍵本 聡=監訳 ラリー・ゴニック
- 1961 世の中の真実がわかる「確率」入門 松下泰雄
- 1967 曲線の秘密 小林道正
- 1968 脳・心・人工知能 甘利俊一
- 1969 四色問題 一松 信

- 1973 マンガ「解析学」超入門 ラリー・ゴニック=著 鍵本 聡／坪井美佐=訳 絵
- 1984 経済数学の直観的方法　マクロ経済学編 長沼伸一郎
- 1985 経済数学の直観的方法　確率・統計編 長沼伸一郎
- 1998 結果から原因を推理する「超」入門ベイズ統計 石村貞夫
- 2003 素数はめぐる 西来路文朗／清水健一

- BC06 JMP活用　統計学とっておき勉強法 新村秀一

ブルーバックス12cm CD-ROM付

ブルーバックス　技術・工学関係書（I）

495	人間工学からの発想	小原二郎
911	電気とはなにか	室岡義広
1084	図解 わかる電子回路	見城尚志
1128	原子爆弾	山田克哉
1236	図解 飛行機のメカニズム	柳生一
1346	図解 ヘリコプター	鈴木英夫
1396	制御工学の考え方	木村英紀
1452	流れのふしぎ	日本機械学会＝編
1469	量子コンピュータ	竹内繁樹
1483	新しい物性物理 増補版	石綿良三／根本光正＝著
1489	電子回路シミュレータ入門 CD-ROM付	加藤ただし
1520	図解 鉄道の科学	宮本昌幸
1545	高校数学でわかる半導体の原理	竹内淳
1553	図解 つくる電子回路	加藤ただし
1573	手作りラジオ工作入門	西田和明
1579	図解 船の科学	池田良穂
1624	コンクリートなんでも小事典	土木学会関西支部＝編 井上晋他
1643	図解 金属材料の最前線 東北大学金属材料研究所＝編著	
1656	今さら聞けない科学の常識2 朝日新聞科学グループ＝編	
1660	図解 電車のメカニズム	宮本昌幸＝編著
1665	動かしながら理解するCPUの仕組み CD-ROM付	加藤ただし
1676	図解 橋の科学	土木学会関西支部＝編 田中輝彦／渡邊英一他
1679	住宅建築なんでも小事典	大野隆司
1683	図解 超高層ビルのしくみ	鹿島＝編
1689	図解 旅客機運航のメカニズム	三澤慶洋
1692	新・材料化学の最前線	首都大学東京　都市環境学部　分子応用化学会＝編
1696	図解 ジェット・エンジンの仕組み	吉中司
1717	図解 地下鉄の科学	川辺謙一
1719	冗長性から見た情報技術	青木直史
1722	小惑星探査機「はやぶさ」の超技術	「はやぶさ」プロジェクトチーム＝編
1734	図解・テレビの仕組み	青木則夫
1748	図解 ボーイング787 vs. エアバスA380	青木謙知
1751	低温「ふしぎ現象」小事典 低温工学・超電導学会＝編	
1754	日本の土木遺産	土木学会＝編
1759	日本の原子力施設データ 完全改訂版	北村行孝／三島勇
1763	エアバスA380を操縦する	キャプテン・ジブ・ヴォーゲル／水谷淳＝訳
1768	ロボットはなぜ生き物に似てしまうのか	鈴森康一
1772	分散型エネルギー入門	伊藤義康
1777	たのしい電子回路	西田和明
1779	図解 新幹線運行のメカニズム	川辺謙一
1781	図解 カメラの歴史	神立尚紀
1797	古代日本の超技術 改訂新版	志村史夫

ブルーバックス　技術・工学関係書(Ⅱ)

1817	東京鉄道遺産	小野田滋
1840	図解 首都高速の科学	川辺謙一
1845	古代世界の超技術	志村史夫
1854	カラー図解 EURO版 バイオテクノロジーの教科書(上)	ラインハート・レンネベルク／小林達彦=監修／田中暉夫・奥原正國=訳
1855	カラー図解 EURO版 バイオテクノロジーの教科書(下)	ラインハート・レンネベルク／小林達彦=監修／西山広子・奥原正國=訳
1863	新幹線50年の技術史	曽根悟
1866	暗号が通貨になる「ビットコイン」のからくり	吉本佳生
1871	アンテナの仕組み	小暮裕明・小暮芳江
1873	アクチュエータ工学入門	鈴森康一
1879	火薬のはなし	松永猛裕
1886	関西鉄道遺産	小野田滋
1887	小惑星探査機「はやぶさ2」の大挑戦	山根一眞
1891	Raspberry Piで学ぶ電子工作	金丸隆志
1909	飛行機事故はなぜなくならないのか	青木謙知
1916	新しい航空管制の科学	園山耕司
1918	世界を動かす技術思考	木村英紀=編著
1938	門田先生の3Dプリンタ入門	門田和雄
1940	すごいぞ！ 身のまわりの表面科学	日本表面科学会
1948	すごい家電	西田宗千佳
1950	実例で学ぶRaspberry Pi電子工作	金丸隆志
1959	図解 燃料電池自動車のメカニズム	川辺謙一
1963	交流のしくみ	森本雅之
1968	脳・心・人工知能	甘利俊一
1970	高校数学でわかる光とレンズ	竹内淳
1977	カラー図解最新Raspberry Piで学ぶ電子工作	金丸隆志
2001	人工知能はいかにして強くなるのか？	小野田博一

ブルーバックス　コンピュータ関係書

- 1084 図解　わかる電子回路　加藤　肇／見城尚志／高橋　久
- 1430 Excelで遊ぶ手作り数学シミュレーション　田沼晴彦
- 1656 今さら聞けない科学の常識2　朝日新聞科学グループ=編
- 1665 動かしながら理解するCPUの仕組み　CD-ROM付　加藤ただし
- 1682 入門者のExcel関数　リブロワークス
- 1699 これから始めるクラウド入門　2010年度版　リブロワークス
- 1714 Wordのイライラ　根こそぎ解消術　長谷川裕行
- 1719 冗長性から見た情報技術　青木直史
- 1726 仕事がぐんぐん加速するパソコン即効冴えワザ82　トリプルウイン
- 1733 Excelのイライラ　根こそぎ解消術　長谷川裕行
- 1744 瞬間操作！　高速キーボード術　リブロワークス
- 1753 理系のためのクラウド知的生産術　堀　正岳
- 1755 振り回されないメール術　田村　仁
- 1769 入門者のExcelVBA　立山秀利
- 1783 知識ゼロからのExcelビジネスデータ分析入門　住中光夫
- 1791 卒論執筆のためのWord活用術　田中幸夫
- 1802 実例で学ぶExcelVBA　立山秀利
- 1825 メールはなぜ届くのか　草野真一
- 1837 理系のためのExcelグラフ入門　金丸隆志
- 1850 入門者のJavaScript　立山秀利
- 1881 プログラミング20言語習得法　小林健一郎

- 1891 Raspberry Piで学ぶ電子工作　金丸隆志
- 1926 SNSって面白いの？　草野真一
- 1950 実例で学ぶRaspberry Pi電子工作　金丸隆志
- 1962 入門者のExcelVBA　立山秀利
- 1977 カラー図解最新Raspberry Piで学ぶ電子工作　金丸隆志
- 1989 入門者のLinux　奈佐原顕郎
- 1999 カラー図解Excel「超」効率化マニュアル　立山秀利
- 2001 人工知能はいかにして強くなるのか？　小野田博一

ブルーバックス　食品科学関係書

1996	「食べもの情報」ウソ・ホント	髙橋久仁子
1993	ワインの科学	清水健一
1972	食べ物としての動物たち	伊藤宏
1956	「食べもの神話」の落とし穴	髙橋久仁子
1935	アミノ酸の科学	櫻庭雅文
1869	味のなんでも小事典	日本味と匂学会=編
1814	料理のなんでも小事典	日本調理科学会=編
1807	ビールの科学　サッポロビール価値創造フロンティア研究所=編	渡淳二=監修
1698	ウイスキーの科学	古賀邦正
1658	スパイスなんでも小事典	日本香辛料研究会=編
1632	ジムに通う人の栄養学	岡村浩嗣
1614	牛乳とタマゴの科学	酒井仙吉
1439	おいしい穀物の科学	井上直人
1435	日本酒の科学	和田美代子　髙橋俊成=監修
1418	コーヒーの科学	旦部幸博
1341	「健康食品」ウソ・ホント	髙橋久仁子
1240	チーズの科学	齋藤忠夫
1231	体の中の異物「毒」の科学	小城勝相

ブルーバックス　パズル・クイズ関係書

921	自分がわかる心理テスト	桂　戴作"監修
988	論理パズル101	デル・マガジンズ社"編　芦原　睦"監修
1353	算数パズル「出しっこ問題」傑作選	仲田紀夫
1366	数学版 これを英語で言えますか？	保江邦夫　小野田博一"編
1368	論理パズル「出しっこ問題」傑作選	エドワード・ネルソン"監修　小野田博一
1423	史上最強の論理パズル	小野田博一
1453	大人のための算数練習帳　図形問題編	佐藤恒雄
1474	クイズ　植物入門	田中　修
1693	10歳からの論理パズル「迷いの森」のパズル魔王に挑戦！	小野田博一
1694	傑作！数学パズル50	小泓正直
1720	傑作！物理パズル50	ポール・G・ヒューイット"作　松森靖夫"編訳
1833	超絶難問論理パズル	小野田博一
1928	直感を裏切るデザイン・パズル	馬場雄二

ブルーバックス　事典・辞典・図鑑関係書

569	図解 わかる電子回路	大木幸介
1084	毒物雑学事典	加藤 肇/見城尚志/高橋久
1150	図解 音のなんでも小事典	日本音響学会"編
1188	金属なんでも小事典	増本 健"監修 ウオーク"編著
1484	単位171の新知識	星田直彦
1614	料理のなんでも小事典	日本調理科学会"編
1624	コンクリートなんでも小事典	土木学会関西支部"編 井上 晋 他
1642	新・物理学事典	大槻義彦/大場一郎"編
1653	理系のための英語「キー構文」46	原田豊太郎
1660	図解 電車のメカニズム	宮本昌幸"編著
1676	図解 橋の科学	土木学会関西支部"編 田中輝彦/渡邊英一 他
1679	図解 住宅建築なんでも小事典	大野隆司
1683	図解 超高層ビルのしくみ	鹿島"編
1689	図解 旅客機運航のメカニズム	三澤慶洋
1691	DVD-ROM&図解 動く!深海生物図鑑	ピパマンボ/北村雄一 三宅裕志/佐藤孝子"監修
1698	スパイスなんでも小事典	日本香辛料研究会"編
1718	小事典 からだの手帖（新装版）	高橋長雄
1751	低温「ふしぎ現象」小事典 低温工学・超電導学会"編	北村行孝
1759	日本の原子力施設全データ 完全改訂版	北村行孝/三島 勇
1761	声のなんでも小事典	和田美代子 米山文明"監修
1762	完全図解 宇宙手帳	渡辺勝巳／JAXA〈宇宙航空研究開発機構〉"協力